V

ÉTAT ACTUEL
DE L'INDUSTRIE
FRANÇAISE.

DE L'IMPRIMERIE DE PLASSAN, RUE DE VAUGIRARD, N° 15,
DERRIÈRE L'ODÉON.

ÉTAT ACTUEL
DE L'INDUSTRIE FRANÇAISE,

OU

COUP D'ŒIL SUR L'EXPOSITION DE SES PRODUITS,

DANS LES SALLES DU LOUVRE, EN 1819.

PAR E. JOUY,
MEMBRE DE L'INSTITUT.

> L'Industrie répare en secret les ruines que les discordes et les préjugés laissent après eux.
> VOLTAIRE.

A PARIS,
CHEZ L'HUILLIER, LIBR., RUE SAINT-ANDRÉ-DES-ARCS, Nº 18.

M. DCCC XXI.

DEDICACE

AU

COMMERCE DE FRANCE.

Il existe parmi nous une classe d'hommes, à laquelle les tourmentes politiques n'ont imprimé aucune souillure; d'hommes dévoués à la patrie, dans les crises les plus cruelles; une classe d'hommes, dont le culte fut toujours le travail, *cette seconde vie des peuples, où le pauvre trouve un recours dans tous ses besoins, et le riche la source de toutes ses jouissances.*

Cette classe de citoyens entretient avec les nations étrangères des relations constantes, qui resserrent entre elles les liens de l'humanité, que tendent sans cesse à relâcher ou à rompre la guerre, la politique et les préjugés : c'est à cette honorable famille, c'est au Commerce, que je dédie mon Ouvrage. Cette dédicace n'a rien de servile, bien qu'elle s'adresse au souverain le plus absolu qui soit au monde; car ce monarque invisible et mystérieux, qui ne distribue ni grâce, ni faveur, qui ne récompense que l'Industrie et le travail, pour n'avoir rien de commun avec les autres puissances de la terre, n'est pas même accessible à la flatterie.

JOUY.

TABLE DES MATIÈRES.

FIN DE LA TABLE DES MATIÈRES.

DISCOURS PRÉLIMINAIRE.

On a fait peu de livres sur l'Industrie ; une sorte de dédain, dont les grands écrivains ne se rendent pas compte, détourne leur pensée de ces occupations manuelles, de ces travaux mécaniques, qui fertilisent tout, qui répandent partout l'abondance et la vie, et sans lesquels on verrait la Société se dissoudre et les penseurs mourir de faim.

L'imagination qui conçoit, le talent qui exécute, tels sont les deux grands moteurs de la machine sociale : le génie, qui spécule et contemple ; l'esprit, qui combine les idées abstraites, décorent l'édifice que l'Industrie élève.

Le tort des peuples barbares est de tout accorder à la puissance matérielle ; l'erreur des nations civilisées, est d'accorder trop d'influence à la puissance morale, et de réserver leur admiration pour des spéculations trop souvent stériles : l'Industrie rétablit l'équilibre entre ces deux pouvoirs.

Vouloir appuyer la société sur des abstractions, c'est renverser la pyramide, et chercher à la faire tenir sur sa pointe.

Les peuples sans Industrie sont nécessairement destructeurs ; les nations industrieuses sont nécessairement conservatrices. Honneur à l'Industrie !

elle a civilisé le monde : ses découvertes, ses combinaisons, ses progrès, sont les seuls garants certains de la prospérité des états ; *c'est elle*, comme le dit Voltaire, *et non pas l'or ou l'argent*, *qui leur donne l'abondance et la richesse.*

L'Industrie influe sur les arts et sur les lettres; et, en favorisant les découvertes, elle agrandit la sphère intellectuelle. La puissance du génie de l'homme n'est pas moins fortement empreinte dans l'invention de la pompe à feu, que dans l'invention du poëme épique; dans la découverte de la machine à faire des bas, que dans l'art de narrer les actions humaines en vers ou en prose.

La seule découverte de l'imprimerie a été plus avantageuse aux progrès de l'esprit humain, que les sublimes intelligences d'Aristote, de Platon et d'Homère.

Elle est un germe immortel de perfectionnement et d'émancipation parmi les hommes. Semblable à cette course aux flambeaux, en usage parmi les Grecs, et où l'on voyait les lumières changer de mains sans jamais s'éteindre, par elle, les conquêtes des siècles passés se transmettent aux siècles à venir; la pensée ne peut plus mourir; la civilisation ne peut plus reculer. Puissance plus forte que tous les rois de la terre, l'imprimerie, désormais, unit par une chaîne invisible et indissoluble, les hommes de tous les lieux et de tous les âges; elle brave les commotions politiques, les invasions des Barbares, la sottise et la tyrannie des gouvernemens.

Ils ont droit, sans doute, à l'admiration des siècles, les génies immortels, qui semblent avoir étendu jusqu'aux régions célestes l'empire de la raison humaine; mais c'est à la reconnaissanee des hommes à consacrer les miracles de cette Industrie bienfaisante, à qui la civilisation est redevable de ses progrès.

Quelle patience, quelle sagacité, quelle intensité de méditation n'attestent pas ces milliers de découvertes, dont nous recueillons les fruits avec tant d'indifférence, et je dirais même d'ingratitude, en songeant que les noms de la plupart de leurs auteurs sont restés inconnus!

Quel est l'inventeur de la charrue? Quel est celui qui a trouvé le moyen de fondre un sable grossier et d'en former des murs transparens; de parcourir les mers sur la foi d'une aiguille aimantée; de mesurer le temps, de forcer l'eau à remonter vers sa source; d'asservir, de transformer tous les élémens; de tirer de la vapeur la plus légère un des agens les plus puissans de la nature? On l'ignore.

Ce n'est pas dans la pensée écrite, mais dans la pensée utile mise en œuvre, c'est-à-dire dans l'Industrie, qu'il faut chercher le dernier effort de l'esprit humain.

Essayons d'en suivre le développement. Les Babyloniens, dont l'histoire vante les travaux en architecture, ignoraient l'art de construire une voûte; et leurs ponts si fameux n'étaient qu'une jetée informe, remarquable par un certain caractère de grandeur, mais sans proportions et sans grâces.

Ces constructeurs de pyramides, qui voulurent parodier la nature, en élevant à la surface de la terre les carrières qu'elle enfouit dans ses entrailles, n'avaient pas du temps de Cécrops les premiers élémens de l'architecture; et cette antique Égypte où les Grecs plaçaient le berceau des sciences, n'a laissé d'autres vestiges de son Industrie imparfaite, que des colosses immortels par leurs masses, qui écrasent le sol où ils sont assis; dignes en cela de servir de monumens à la plus ancienne race des rois oppresseurs.

Les Grecs, eux-mêmes, n'appliquèrent qu'aux beaux-arts l'imagination dont la nature les avait si richement dotés. Les arts industriels, abandonnés à des mains esclaves, et privés des secours de la chimie et de la mécanique, y végétèrent dans une continuelle enfance. La *grue*, ce levier si simple et si puissant, leur était inconnue. Sans moyens exacts de mesurer le temps, leurs astronomes étaient sans cesse occupés de la rectification de leurs calendriers, tantôt retranchant une heure, tantôt un jour, tantôt un mois de leur année (1). Ils comptaient leurs jours d'une manière si bizarre, qu'il faut une certaine contention d'esprit pour saisir aujourd'hui le système d'après lequel ils dressaient leurs almanachs. Sans instrumens astronomiques, ils erraient continuellement de conjectures en conjectures, de théories en théories.

Privés de cartes géographiques, comment au-

---

(1) *Voy*. Diogène Laërce, Apulée, Marshal, p. 610, etc.

raient-ils pu connaître d'une manière précise la position des lieux et leur situation respective?

Les navigateurs grecs ne manquaient ni d'audace ni de persévérance; mais, faute de boussole et d'observations astronomiques (qui pourraient y suppléer à certains égards), leur navigation timide se bornait à longer les côtes; et ces détroits, ces caps, que le moindre capitaine de navire double et passe maintenant avec tant de facilité, étaient pour eux autant de Charybdes et de Scyllas, de gouffres dévorans et de rocs rendus fameux par leurs naufrages : leur commerce ne pouvait s'enrichir des fruits d'une Industrie éloignée; les savans, disséminés sur la terre, ne pouvaient avoir entre eux que des communications fortuites, sur lesquelles on ne pouvait fonder aucun corps de doctrine.

Amis du luxe et de toutes ses jouissances, les Athéniens eux-mêmes manquaient des choses les plus essentielles aux agrémens de la vie; la chambre à coucher d'Aspasie, le salon de Périclès, n'étaient éclairés qu'avec des morceaux de bois d'olivier, qui brûlaient dans des réchauds d'argent, comme dans les landes des Pyrénées les paysans se servent encore de bâtons de résine. Les statues de Phidias, les tableaux d'Apelles, ornaient les temples et les palais; le temps les détruisit, avant que la découverte de la gravure eût appris à perpétuer l'image de ces chefs-d'œuvre.

On chargeait les tables de mets exquis, et l'on manquait de moulins pour réduire le blé en farine.

Des manœuvres imparfaites, des stratagèmes grossiers, des multitudes confuses, des armes pésantes, tel était l'art militaire chez les anciens; il est juste d'ajouter qu'on suppléait à la faiblesse de ces moyens, par le courage et le patriotisme, auxquels rien ne peut suppléer.

Les Romains, maîtres du monde, n'ont fait faire aucun pas à l'Industrie; et les arts de la Grèce, qu'ils avaient conquis, ne firent que dégénérer entre leurs mains victorieuses. Ce peuple-roi ne connaissait pas les vitres; le jour n'entrait qu'avec peine dans ses palais de marbre; et les chaumières, sans foyer, laissaient l'indigent en proie à toute la rigueur des saisons.

Le génie, les hautes méditations, l'imagination brillante de quelques hommes, ont immortalisé Rome et la Grèce; mais faute d'avoir connu l'art d'éterniser la pensée par l'imprimerie, le plus grand nombre de leurs créations a péri au milieu des révolutions des siècles et des empires, ou n'est arrivé jusqu'à nous que par lambeaux.

C'est à l'imperfection des arts industriels chez les anciens, qu'il faut attribuer les contradictions de leurs théories philosophiques, leurs erreurs dans les sciences exactes, et particulièrement en histoire naturelle; l'incohérence de leurs idées en politique; les singularités bizarres de leurs mœurs et de leurs coutumes.

Il serait, toutefois, injuste de dédaigner l'étude des anciens. Ils ont cultivé avec succès tout ce qui, dans les arts, tient à l'ornement de la vie. Leurs erreurs sont celles du génie privé d'expérience; et quand on songe qu'ils ont souvent deviné ou pressenti ce que nous avons découvert, on doit les admirer encore, après les avoir surpassés.

L'Europe moderne a vu s'agrandir à l'infini la sphère de l'intelligence humaine. Un continent nouveau surgit tout à coup du sein des mers, comme l'a prédit Sénèque (1), et cette grande découverte est préparée par plusieurs autres. La découverte de l'imprimerie perfectionne la gravure, et celle-ci conduit à l'art des cartes réduites, où Colomb a déjà marqué la place de cette Amérique qu'il doit découvrir, et à laquelle un autre donnera son nom.

Les essais chimiques produisent la poudre à canon, qui change le système militaire et prépare de loin la révolution politique, qui devait s'opérer dans le gouvernement des peuples.

Les armes à feu nécessitent des recherches dans l'art de travailler et de fondre les métaux; la mécanique marche à pas de géant; les inventions se multiplient et naissent les unes des autres.

Après avoir fait du verre, on le taille; le hasard

---

(1) *Venient annis sæcula seris,*
Quibus oceanus vincula rerum
Laxet, novosque The[illegible] detegat
Orbes, atque ingens pateat tellus,
Nec sit terris ultima Thyle. (Médée, act. 2.)

Dans des siècles reculés, l'océan découvrira de nouveaux mondes, un continent immense frappera nos regards, et Thyle ne sera plus la limite du monde connu.

en rapproche les fragmens, et les objets se rapprochent eux-mêmes de l'œil qui les observe. Il s'établit une chaîne immense et compliquée de découvertes et de perfectionnemens; vaste réseau, dont la pensée même ne peut suivre les développemens et déterminer l'étendue.

Tel est l'effet de cette intelligence appliquée aux besoins des sociétés humaines : l'Industrie a changé la face du monde, et le commerce, qui grandit avec elle, a marqué les rangs parmi les nations civilisées.

Boulton, le mécanicien, avait raison de répondre au roi d'Angleterre qui lui demandait compte de ses occupations : « *Sire, je fais ce que vous aimez tant, du Pouvoir.* » En effet, c'est du *pouvoir*, et du pouvoir au-dessus de celui des rois, que cette Industrie, qui en dix ans élève une ville, comme celle de Manchester; qui donne à quelques marais habités par des pêcheurs, la prépondérance dont la Hollande a joui si long-temps; qui élève au sein d'une île fangeuse un colosse de puissance, dont les bras s'étendent d'un pôle à l'autre.

C'est du *pouvoir*, que cette Industrie qui rapproche les étoiles, mesure la terre, attire et dirige le feu du ciel, et, par la seule vapeur de l'eau, parvient à soulever des masses aussi pesantes, que les monumens de l'orgueil insensé des rois d'Égypte.

L'Industrie est le premier des *pouvoirs*; car c'est le plus utile..Ma pensée s'irrite, mon cœur se froisse à l'aspect des images d'Alexandre, de César ou de Charlemagne; je ne vois autour d'eux que ravages et destruction. Mes yeux s'arrêtent-ils sur la statue que Charles-Quint fit ériger à G. Bukel, qui trouva le secret de saler et d'encaquer les harengs? je m'incline avec respect et reconnaissance; j'ai devant moi l'image d'un bienfaiteur de l'humanité.

L'Industrie est un *pouvoir*, dont l'influence morale est plus forte, plus profonde que son action immédiate; c'est un *pouvoir* de liberté, de philosophie, de civilisation. Qui pourrait calculer les maux qu'a faits à la France, le bien qu'a fait à l'Europe la révocation d'un seul édit? L'Industrie des protestans exilée de la France, a porté chez l'étranger, avec ses richesses, toutes les conquêtes de la patience et du génie, et cette haine du fanatisme, que le souvenir de la patrie absente ne fait qu'accroître de génération en génération.

Les peuples artistes, les peuples industrieux, tiennent en main les destinées du monde. Établissez une manufacture dans un désert, il se peuple; sur un terrain stérile, il devient fécond; sous un ciel mal sain, il s'épure; partout où l'Industrie se montre, elle vivifie, elle domine.

J'ai défini l'Industrie, « la pensée utile en action »; avant de l'examiner au point de perfection où elle est parvenue, jetons un coup d'œil rapide sur ses progrès et sur l'influence que les sciences ont exercée sur elle.

Un moine allemand s'occupe d'alchimie, et découvre par hasard, dans une combinaison toute industrielle, le secret de la poudre à canon; la route de la physique expérimentale est ouverte, et l'on voit sortir d'un cloître le premier rayon de cette lumière qui devait, sous le nom de chimie, éclairer le siècle ou nous sommes, et opérer dans la science une révolution complète.

Galilée devine la forme et le mouvement de la terre; le voyageur Drake vérifie son assertion: et la terre tourne, en dépit du pape, des cardinaux, et de la prison, où Galilée est jeté à soixante-dix ans, pour avoir découvert une vérité en contradiction avec le miracle de Josué, attesté par les Livres saints.

Pascal mesure sur le Puy-de-Dôme la hauteur de l'atmosphère. Toricelli découvre que l'air pèse; Harvey, que le sang circule. Bayle vérifie leurs expériences, les fait connaître, appuie les démonstrations de doutes philosophiques, et apprend à ses contemporains à soumettre à des expériences rigoureuses la matière et même la pensée.

Descartes se laisse entraîner par son génie, au-delà des bornes géométriques qu'il a reculées: dès lors, il sort du positif; il ne découvre plus, il imagine; il fait un système.

Newton et Leibnitz, en fondant la véritable philosophie sur la nature, le calcul et l'expérience, ouvrent à l'Industrie une carrière sans bornes, où toutes les connaissances humaines, rendues positives, vont concourir à son triomphe.

C'est au profit de la morale et de la raison, que l'Industrie augmente ses conquêtes: les lumières dont elle s'entoure pénètrent à sa suite dans toutes les classes de la société; les peuples s'instruisent, les préjugés s'affaiblissent; plus on apprend, plus on doute, plus on examine. L'Industrie, qui renverse ces *idoles* de temple et de cabinet, que Bacon dénonçait à la haine publique, est à jamais fidèle au culte de la loi divine et humaine, et à leurs vrais interprètes. Éclairée sur les choses et sur les hommes, elle les apprécie dans l'intérêt général; elle n'adore pas la tyrannie sous le nom de gouvernement; elle ne confond pas la bassesse avec l'obéissance, la superstition avec la piété, la fraude avec la politique.

Dans les régions stériles, dans les climats favorisés du ciel, l'Industrie est également puissante. Tantôt suppléant à la fertilité du terrain par le perfectionnement de la culture; tantôt multipliant, échangeant, transportant les productions du sol; l'Industrie est partout créatrice ou auxiliaire. En Hollande, on lui doit tout; en France, elle est, pour ainsi dire, une seconde nature. L'examen approfondi des effets des mœurs et du gouvernement sur l'Industrie des différens peuples d'Europe, serait la matière d'un ouvrage; je me contente d'esquisser les premiers traits de ce vaste tableau.

La brillante Venise a perfectionné tout ce qui tenait aux besoins du luxe. Ses rapports de commerce avec l'Orient, sa domination maritime, son gouvernement aristocratique, son goût pour la galanterie et les plaisirs, déterminèrent la pente de son industrie; une élégance bizarre, un goût fantastique, présidèrent à l'établissement de ses manufactures.

L'Espagne et le Portugal, devenus maîtres des trésors d'un nouveau monde, dédaignèrent l'Industrie,

Qui se fraie à pas lents la route à la richesse.

L'Industrie méprisée se vengea cruellement : la terre devint stérile ; l'ignorance s'accrut, et les bûchers de l'inquisition s'allumèrent. En vain le Potose s'épanchait en flots d'or sur l'antique Ibérie : la mort était dans le cœur de l'empire ; et ces richesses exotiques, semblables à certains breuvages, ne donnaient au corps social qu'une vitalité passagère, qu'une force convulsive, dont l'épuisement devait être la suite.

Un peuple, impatient d'un joug honteux, se réfugie dans un coin de terre, ou plutôt de boue, sur un terrain noyé, incapable de fournir à la subsistance de la vingtième partie de ses habitans. Il achète sa liberté au prix de quarante ans de guerre contre la tyrannie.

Le vainqueur reste pauvre, mais indépendant et maître de ses marais. Le courage et la patience ont rendu libres les Hollandais ; l'Industrie saura les enrichir. Ils forcent la mer à rentrer dans ses limites ; se ressaisissent des conquêtes qu'elle a faites, et défendent leurs rivages contre une nouvelle invasion des flots qui les menacent de toutes parts.

Une ardeur infatigable, une économie qui calcule les deniers et qui compte les minutes, une navigation de cabotage qui finit par envahir l'Océan, élèvent en deux siècles la république Batave au plus haut degré de puissance, et bientôt son commerce n'a d'autres bornes que celles du monde. La seule pêche du hareng occupe cinquante mille Hollandais et trois mille bâtimens. Fille de l'Industrie et du Commerce, cette république honore et consacre son origine dans son gouvernement, dans ses institutions et dans ses mœurs. Le pouvoir souverain est entre les mains d'un conseil de marchands; tous les grands emplois sont confiés aux hommes de l'Industrie; et deux banquiers, ambassadeurs, imposent à l'orgueil de Louis XIV les conditions de la paix de Munster. Rivale de l'industrieuse Angleterre, la Hollande devient la médiatrice des couronnes, la protectrice de ses anciens maîtres; et, pendant près de deux siècles, exerce sur les destinées du monde une influence, qui devait trouver son écueil dans les usurpations du stathoudérat.

Au seizième siècle, le Danemark n'entrait point dans le système politique de l'Europe; au commencement du dix-huitième siècle, la Suède, guerrière, était encore ignorante de toute Industrie. Ces hommes du septentrion, qui n'avaient, jusqu'alors, employé que dans les combats le fer dont leurs montagnes abondent, n'apprirent que dans ces derniers temps à le changer en or par un trafic utile. Six ou sept mille ouvriers établis à Copenhague, vers 1700, et le perfectionnement de la culture et des engrais en Suède et en Norwège, contribuèrent plus efficacement à la conquête du rang politique où ces régions se sont élevées, que le sceptre d'un Gustave-Vasa et l'épée d'un Charles XII.

En suivant la marche géographique de l'Industrie européenne, nous rencontrons cet empire immense, barbare et civilisé, fertile et désert, partagé entre la glace du pôle et les feux du tropique, la Russie. Tout à coup, et comme par enchantement, les arts et les sciences se trouvent transportés dans ces contrées hyperboréennes : des vaisseaux remplissent ses ports; des palais, des monumens s'élèvent; des canaux s'ouvrent; une activité prodigieuse se communique à une nation *serve*, et conséquemment oisive; la volonté, l'Industrie d'un seul homme a opéré ce miracle. Pierre-le-Grand a donné le premier et le seul exemple du despotisme appliqué à la civilisation d'un grand peuple.

La tyrannie d'une aristocratie ignorante, ambitieuse, plus insupportable que l'autocratie moscovite, n'a jamais permis que l'Industrie se naturalisât en Pologne. Le luxe grossier des starostes, et les folles dépenses de cette multitude de magnats, de palatins ignorans et vaniteux, ont arrêté l'Industrie dans ses premières sources, en prêchant d'exemple au peuple le mépris de l'économie. Quelques fabriques rares, mal dirigées, et sans cesse interrompues par la guerre, n'ont jeté, en Pologne, qu'un éclat passager; les Polonais n'ont su ni exploiter leur terre féconde, ni fonder une banque publique, ni exporter leur superflu. Veut-on savoir combien sont nuisibles les mauvaises institutions? il suffit de lire l'histoire de la Pologne, où la beauté du climat, l'abondance des choses nécessaires à la vie, le courage, l'esprit des habitans, l'héroïque intrépidité des âmes, n'ont pas suffi pour fonder une nation. Comment ne pas s'attrister sur le hasard qui préside au berceau des peuples, et qui fait dépendre le bien-être ou le malheur de tant de générations, des premiers chefs que la fortune leur donne?

L'Industrie, en Allemagne, n'a pu se déveopper que bien faiblement, à travers les édits et les ordonnances contradictoires de tant de princes souverains, unis dans un seul intérêt, celui de leur pouvoir.

Les mines d'argent que ce vaste pays renferme, auraient pu compenser le défaut de ports qui nuit à son commerce, si le droit de battre monnaie, devenu presque banal et soumis à une foule d'intrigues de cabinet, n'eût en quelque sorte paralysé cette source de richesse, en la réduisant à fournir la matière de la monnaie courante. Comment les hommes, après tant d'expériences, n'ont-ils pas encore appris que la source de tous leurs maux est dans les lois qu'ils s'imposent, ou se laissent imposer, dans le défaut d'institutions libérales, qui, seules, font les âmes fortes et les nations grandes?

En Pologne, la fièvre intermittente d'une liberté fausse; en Autriche, l'assoupissement continuel d'une monarchie enrégimentée, féodale et catholique; dans tous les grands états du continent européen, le pouvoir absolu, a entravé dans sa marche ce géant de l'Industrie, toujours prêt à verser sur sa route les trésors d'abondance dont il dispose. Une observation générale, dont je ne chercherai pas à presser les conséquences, c'est que la Saxe, seul état de l'Allemagne où l'Industrie eût alors semé quelques germes productifs, avait adopté la réforme de Luther. La même remarque peut s'appliquer à la Suisse, où les cantons catholiques sont constamment restés, par rapport à l'Industrie, au-dessous des cantons protestans, qui se couvraient d'usines et de fabriques, tandis que les autres se couvraient de chapelles, de couvens et de mendians : on sait que l'Industrie genevoise fut fondée par les religionnaires français, qui vinrent y chercher un asile par suite de la révocation de l'édit de Nantes.

Sans liberté politique et religieuse point d'Industrie : veut-on des preuves matérielles de cette vérité? Deux ou trois villes isolées, sur la Baltique, vont nous les fournir. Elles n'avaient d'autre bien que leur indépendance; mais le lien commercial dont elles s'unirent ne tarda pas à leur assurer une existence politique. L'Industrie errante se fixa au milieu d'elles; et, sous le nom d'Anse teutonique, elles formèrent une chaîne de communication entre le commerce du Nord et celui de l'Allemagne. Les grandes puissances européennes qui avaient dédaigné leur pauvreté, se trouvèrent intéressées à protéger leurs comptoirs et leurs vaisseaux. Les caques de harengs, salés par les citoyens des villes anséatiques, versèrent bientôt la richesse dans les trésors de Hambourg et de Dantzick, tandis que le Vatican vivait d'annates et d'aumônes, et que Rome, la ville éternelle, empruntait sur gage aux juifs de ses faubourgs. Malheureusement l'esprit patriotique n'avait pas présidé à cette association des villes anséatiques; ce corps manquait d'âme, et l'intérêt divisa ce qu'il avait uni.

L'aventureuse Industrie des Portugais tient davantage à l'histoire de la navigation, qu'à celle des manufactures et des fabriques, dont je m'occupe plus particulièrement. Ce peuple doit être aujourd'hui convaincu qu'il eût mieux fait, pour son bonheur et même pour sa gloire, de travailler à fonder sur le sol natal sa richesse et sa liberté, que de courir les mers en forbans, pour y massacrer des hommes et s'emparer de leurs dépouilles : les Portugais commencent une ère nouvelle, sous les plus favorables auspices.

Je me hâte d'arriver à l'Industrie rivale des deux grands peuples modernes, la France et l'Angleterre.

C'est sans doute un beau phénomène dans l'ordre politique, que la grandeur et la richesse immense où le commerce a élevé cette île sauvage, cette Thulé que les Romains considéraient comme la dernière limite du monde. L'Angleterre, long-temps ignorée, plus long-temps barbare, qui produisait à peine assez de blé pour nourrir ses rares habitans; qui ne possédait pour tous trésors que quelques mines de cuivre, d'étain, de plomb et de fer; s'est élevée, par des efforts inconcevables d'Industrie, au plus haut point de fortune

(je ne dirai point de grandeur et de gloire), où jamais nation ait atteint.

J'écarte en ce moment toute réflexion morale: une tyrannie exclusive, une mauvaise foi systématique, des moyens injustes, une avidité sans bornes, un orgueil féroce, révoltent le sage; mais l'historien de l'Industrie admire les prodiges qu'elle opère, et laisse au philosophe à venger la cause de l'humanité.

Toujours en lutte avec un climat épais et lourd, forcés de suppléer à l'indigence du sol et à la sévérité de la nature, combattant sans cesse pour se créer des institutions, les Anglais, au milieu des convulsions sanglantes de leur histoire, qui devrait être écrite de la main du bourreau (comme l'a dit énergiquement Voltaire), les Anglais divinisèrent l'Industrie et le Commerce. Le prix du temps leur a été connu; les secrets d'un travail opiniâtre leur ont été révélés; l'Angleterre s'est couverte d'usines et de fabriques, et l'Industrie s'est accrue avec la liberté.

L'Angleterre fleurissait par ses institutions; la France, patrie des âmes nobles, sol fécond en tous genres de gloire, grandissait malgé ses institutions, sous l'influence d'un climat favorisé des dons de la nature, et par le perfectionnement d'une civilisation, dont la faiblesse et l'aveuglement de ses maîtres ne parvinrent pas à arrêter les progrès. Que l'on compare les entraves dans lesquelles ont gémi si long-temps en France, l'Industrie, le commerce, la littérature et les arts, avec la liberté dont ils ont joui en Angleterre sous Henri VIII, le plus absolu de ses rois; que l'on compare cet esprit, ou si l'on veut, cet égoïsme national du peuple anglais, avec l'isolement des volontés, avec le peu d'ensemble des efforts tentés en France, et toujours contrariés par le stupide orgueil de l'aristocratie : on jugera de quelle supériorité individuelle les Français doivent être doués, pour avoir maintenu, dans des siècles d'esclavage politique, une rivalité, dont il me semble que M. Gaillard a mieux indiqué les résultats qu'il n'en a apprécié les causes.

Obstacles de toute espèce, opposés à l'industrie et au commerce, chaos dans la jurisprudence, légèreté dans les mœurs, disputes oiseuses et interminables en théologie et en littérature, misérables intrigues de cabinet, folles dépenses, dilapidations des courtisans, double asservissement à la cour et à la Sorbonne : tel était le caractère de cette vieille monarchie qui avait à lutter contre l'indépendante Angleterre. Qui peut aujourd'hui assigner le degré de prospérité où les Français doivent atteindre, quand des lois et des institutions sagement libres, en enflammant les âmes de l'amour de la patrie, en ramenant tous les esprits au culte de l'indépendance, permettront au caractère national de se développer dans toute son énergie native, et laisseront aux habitans de cet heureux pays l'emploi de leurs facultés supérieures? Tout doit céder à la France libre, que j'oserais comparer alors à ces miroirs d'acier poli, taillés à facettes, qui se renvoient mutuellement la chaleur et la lumière, et dont le foyer irrésistible réduit le diamant même en vapeur.

Les faits parlent, l'expérience est là; plus un peuple a de liberté, plus sa pensée est forte et plus son industrie est féconde. C'est à sa liberté politique que l'Angleterre est redevable de cette puissance industrielle et commerciale, à laquelle aucune nation n'était encore parvenue, et que nous voyons s'affaiblir par une déviation successive des principes qui l'ont fondée.

C'est une noble image, que ces ballots de laines sur lesquels siégeaient jadis les membres de la chambre des communes et le président de la chambre des pairs; nos petits-maîtres voyageurs en riaient, mais Voltaire et Montesquieu y voyaient le trône de l'Industrie.

Si la considération attachée au commerce, l'encouragement accordé aux expéditions lointaines, l'espèce de honte réservée à l'oisiveté noblement indigente, l'amour du travail exalté jusqu'à la passion, ont opéré en Angleterre des prodiges d'industrie, il est juste d'avouer que de graves inconvéniens y sont nés de ces mêmes avantages. L'égoïsme national a fondé sur le monopole la supériorité du commerce anglais; l'avarice et la prodigalité ont vicié le caractère public; des milliers d'hommes condamnés pour ainsi dire aux travaux des manufactures, se sont vus enchaîner, pendant leur vie entière, au métier qui les nourrit à peine, tandis qu'un maître avide s'enrichit en peu d'années du fruit de leur labeur. Ce mouvement d'activité générale, presque tout mécanique, a dû faire avorter des facultés supérieures, et détourner des beaux-arts des esprits faits pour s'y livrer. Mais ces hautes considérations morales n'appartiennent pas au sujet que je traite. Je considère ici l'Industrie comme une puissance, et l'Angleterre comme un exemple de l'influence prodigieuse que cette puissance peut avoir sur les destinées d'un peuple.

Non loin de cette terre des rochers et des brouillards, existe un vaste pays, que le soleil échauffe sans le brûler de ses rayons, que de beaux fleuves arrosent sans l'inonder; qu'ombragent des bois antiques; que couvrent de riches moissons et de gras pâturages; dont le sol varié féconde à la fois l'olivier de l'Orient, le sapin du Nord et l'oranger du Midi.

Là toutes les matière premières sont abondantes, les animaux sont domestiques, le ciel est doux; l'homme est ardent, sensible, vaillant, créateur. Ce pays, c'est la France, cette seconde mère des arts, des sciences et de l'Industrie, qui eût fait oublier la première, si des institutions tour à tour despotiques et féodales, n'eussent, pendant dix siècles, contrarié ses efforts ou corrompu ses bienfaits.

L'Industrie française ressemble à ces ruisseaux dont la source est si élevée et la pente si rapide, qu'ils parviennent à se frayer une route à travers les buissons, les ronces et les obstacles de toute espèce qui s'opposent à leur cours.

Je ne parlerai pas des premiers tissus des Gaulois barbares, de leurs peaux de bêtes attachées avec une ceinture de ronces, de quelques procédés d'agriculture qui leur assuraient déjà de grands avantages sur leurs voisins; je me contenterai de dire que l'art de la teinture était connu des Gaulois bien avant la conquête des Romains; qu'ils coloraient habilement la laine de leurs agneaux; que la navigation avait fait quelques progrès parmi eux, et que l'épée gauloise que Brennus jeta dans la balance, indiquait un genre d'Industrie perfectionné dont les Romains ne tardèrent pas à faire leur profit.

Une colonie de Phocéens établis à Marseille commença la civilisation des Gaules, en y introduisant les arts industriels et les douces mœurs de la Grèce; en y plantant l'olivier, qui devait consacrer les souvenirs de l'Ilyssus aux rives de la Durance; et la vigne, à laquelle cent générations d'hommes ont dû l'oubli de leurs maux, la vigueur de leurs corps et la gaieté de leurs festins.

Marseille bâtie, un commerce et une navigation long-temps célèbres, des temples, des palais, des fêtes riantes, une population moitié grecque et moitié gauloise, unissant la simplicité des mœurs champêtres et l'énergique activité qu'exigent la conquête d'un élément terrible et l'audace des entreprises lointaines: tel fut le spectacle que donnèrent à la Gaule encore barbare les industrieux émigrés de la Phocide.

Les mœurs phocéennes firent en peu de temps

la conquête de la Gaule; et l'Industrie, dont j'esquisse rapidement l'histoire, s'y montra bientôt sous les formes élégantes de la Grèce, dont les nouveaux colons apportaient les modèles.

La conquête des Romains, qui ne connaissaient eux-mêmes d'autres arts que ceux des Grecs, en déploya le luxe dans les Gaules : l'inondation des Barbares avait fait rétrograder l'Industrie de plusieurs siècles, lorsque Charlemagne parut. Ce conquérant d'une espèce nouvelle, fit de la guerre un moyen de civilisation, et comprit, qu'il ne pouvait asseoir le trône immense qu'il s'était élevé que sur la double base des lois et de l'Industrie.

Charlemagne, le plus grand homme de son siècle et des dix siècles qui suivirent son règne, fonda tout en France : les sciences, le commerce, l'Industrie et les arts. Ses lois sur *les matières civiles et religieuses* sont admirables pour son temps : il prescrivit *l'uniformité des poids et mesures*, réprima *la mendicité*, rétablit la marine, fit construire des ports, ouvrit des écoles, et attira près de lui, de tous les points de l'Europe les hommes les plus Industrieux. Des Italiens transportèrent en France leurs fabriques et leurs comptoirs : les premières manufactures de draps s'établirent sous son règne, et l'orfèvrerie dut à sa magnificence, dans les cérémonies publiques et religieuses, le perfectionnement de son exécution. La piraterie danoise, qu'il parvint à réprimer, doit être mise au nombre des causes qui firent fleurir l'Industrie sous le règne étonnant de Charlemagne.

« Après moi, disait-il souvent en répandant des larmes, que deviendra l'empire que j'ai fondé? » Dans ce temps-là on n'osa pas lui répondre : votre empire deviendra ce qu'est devenu celui de Sésostris, celui d'Alexandre, celui de César; ce que deviendront tous les empires dont la grandeur éphémère reposera sur un seul homme, et n'aura pas dans les lois, dans les institutions, dans la liberté publique, une garantie de sa durée.

Les craintes prophétiques de Charlemagne se réalisèrent dans toute leur étendue : gloire, repos, bonheur, tout s'anéantit avec lui ; les lumières, auxquelles il avait ouvert un passage, s'éteignirent au milieu des discordes civiles; et les indignes héritiers du grand homme, au nom desquels les prêtres régnèrent, étouffèrent sous le poids des exactions et de la tyrannie la plus hautaine, les semences d'Industrie, que leur illustre prédécesseur avait fait germer.

Mais en politique, comme dans la nature, la vie sort quelquefois du sein même de la corruption; cet ascendant du sacerdoce, si funeste aux progrès des arts et de l'Industrie, devait deux cents ans plus tard, contribuer à leur restauration. Les croisades que le pape Urbain II prêcha par la bouche de Pierre-l'Ermite, précipitèrent sur l'Asie la plus grande partie des prêtres et des nobles de l'Europe, et cette heureuse migration allégea beaucoup le joug féodal. Elle ouvrit au commerce des routes inconnues jusque-là; les produits de l'Industrie asiatique furent échangés contre les métaux de l'Europe; et les nouveaux besoins de luxe, qu'amena ce trafic, au sein d'une guerre si funeste, devint un motif d'émulation pour les fabricans. De vieux châteaux abandonnés ou vendus par leurs nobles propriétaires, reçurent de l'Industrie une destination plus utile; des manufactures s'y établirent; à Lille, à Cambray, à Laval, on fabriqua des toiles: Amiens, Reims, Arras, Beauvais, s'enrichirent de plusieurs fabriques de draps. Le goût des parfums orientaux se répandit, et en peu de temps l'art de la parfumerie se naturalisa dans le midi de la France. En un mot, les sanglantes croisades, par une compensation aux maux dont elles affligeaient l'humanité, ramenèrent parmi nous la brillante aurore d'une civilisation nouvelle, dont les progrès, long-temps contrariés, mais soutenus par les trois plus grandes découvertes de l'Industrie, l'imprimerie, la boussole et la poudre de guerre, ne devaient plus être interrompus.

L'esprit d'entreprise dirigea pendant long-temps l'Industrie de l'Europe vers les contrées lointaines et les découvertes périlleuses. L'art de la navigation s'agrandit, mais les manufactures ne reçurent d'abord que très-peu de perfectionnement. L'Amérique se vengea des cruautés de ses conquérans, en leur livrant des métaux précieux, mais féconds en désastres; en leur offrant, sous l'appât de jouissances nouvelles, des vices hideux et des maladies horribles: cependant des productions diverses et utiles, rassemblées dans ses ports, se répandirent dans l'ancien continent, et devinrent pour le commerce de nouvelles sources de richesses.

L'Europe ne tarda pas à sentir qu'elle allait tomber sous la dépendance du monde qu'elle avait découvert. Déjà les produits de l'ancien hémisphère ne suffisaient plus aux échanges du café, du sucre et de l'indigo, devenus objets de premières nécessité; en vain les gouvernemens dominateurs de ce monde esclave, ordonnèrent-ils aux colons de cesser la culture et la fabrication des denrées et des objets que les métropoles pouvaient leur fournir : ces moyens tyranniques, consacrés par des ordonnances réunies sous le nom de *Code noir*, ne mirent qu'un bien faible poids dans la balance du commerce, où la masse des produits indigènes de l'Amérique rompait toute espèce d'équilibre.

Le développement de l'Industrie européenne fut une suite nécessaire de cette lutte si désavantageuse, en apparence, au commerce des vieux peuples. Les nations actives élevèrent des manufactures, d'autres les imitèrent par jalousie : les arts Industriels prirent tout à coup un essor inattendu; et l'invention de l'imprimerie, en éclairant leurs progrès, étendit leurs conquêtes.

En observant que la France ne prit d'abord que la plus faible part au mouvement général qui suivit la découverte de l'imprimerie et celle de l'Amérique, j'expose, dans toute sa honte, le gouvernement sous lequel languissait alors notre pays; je dis *pays*, car il n'y a de patrie que pour les peuples libres. Les discussions religieuses, les vexations féodales, les guerres d'Italie et les fureurs de la Ligue, semblaient avoir dépensé toute cette chaleur d'âme, toute cette vivacité d'action qui caractérisent la nation française. L'Industrie languissait, les arts ne faisaient aucune conquête. Privés de manufactures, nous étions obligés de recourir aux nations étrangères pour les objets de l'usage le plus fréquent; la France, plus monacale encore que monarchique, vieillissait, en arrière de toute civilisation, quand le soldat béarnais monta sur le trône.

« Celui-là, dit Laville-Gomblain (1), ne sentait » pas son roi; il n'était accompagné ni de gravité » ni de majesté..... » Cet excellent prince (*heureux accident de la nature*, suivant la belle expression de l'empereur Alexandre), songea au peuple qu'il aima et dont il fut aimé, permit à son ministre d'établir l'économie dans sa cour, protégea l'agriculture, encouragea l'Industrie, et fonda dans le midi de la France la première manufacture de soie.

Mais le meilleur roi, sous le régime *du bon-plaisir*, ne peut que jeter au hasard les germes du bien, au milieu d'institutions vicieuses qui finissent par les étouffer. Ainsi, dans l'espace de huit siècles, on a vu deux rois français, Charlemagne et Henri IV, essayer de fonder leur puissance sur la prospérité nationale; mais le génie ne se lègue

(1) *Mémoires*, tom. II.

pas avec le pouvoir despotique, et les nobles essais de ces deux grands monarques périrent avec eux.

Louis XIII, ou plutôt Richelieu, s'occupa d'abaisser les grands et la maison d'Autriche, dans le seul intérêt de son ambition personnelle, et sans aucun profit pour la liberté publique; sous ce règne, l'Industrie toujours entravée ne marchait que par saccades, et retombait toujours après quelques efforts; une volonté puissante parvint à la relever pour quelque temps. . . . .

Louis XIV aspirait à tous les genres de gloire; il sentit tout ce que les conquêtes de l'Industrie et du commerce pouvaient ajouter d'éclat à sa couronne; il commanda des miracles, Colbert les exécuta. L'étranger reparut dans nos ports; des primes encouragèrent le commerce; le pavillon français s'élança sur les mers; les savans, les artistes, accoururent de tous les points de l'Europe; l'anatomiste Winslow, l'astronome Cassini, le mathématicien Huygens, le physicien Roemer, les manufacturiers Hindret et van Robais, désertèrent leur pays natal, et vinrent chercher en France un sol plus favorable au développement du génie. . . . .

Avant cette époque, la Hollande nous fournissait les toiles, l'Angleterre la bonneterie, l'Italie les étoffes de soie, l'Allemagne les armes blanches et les instrumens aratoires, Venise les glaces, la Saxe les porcelaines, et le Brabant les dentelles; nos draps ne pouvaient soutenir la concurrence avec ceux d'Espagne. La volonté de Louis XIV, les encouragemens prodigués par Colbert, des améliorations dans le système des douanes, développèrent tout à coup le génie national, si long-temps comprimé; la France entra en partage du commerce du monde, et l'Industrie prit l'essor.

Malheureusement sa direction se ressentit de la main qui la lui avait imprimée, et ses premiers efforts eurent pour objet les superfluités du luxe, et non les besoins du peuple : la France avait des fabriques de brocards d'or et d'argent, des manufactures de glaces, de tapisseries, de dentelles, de draps superfins; mais elle restait tributaire de l'étranger, pour la quincaillerie, pour les toiles, pour la papeterie, pour les cuirs, pour tous les objets d'une utilité générale et d'une consommation journalière.

Cet état, plus brillant que solide, devait bientôt s'évanouir; les volontés du maître et de son ministre n'avaient pu donner à l'Industrie qu'une vie passagère et factice. En voyant combien de chaînes pesaient de toutes parts sur les arts et sur les métiers; combien étaient absurdes et arbitraires les règlemens et les ordonnances, qui régissaient un système Industriel où la liberté n'avait aucune garantie, il était aisé d'en prévoir la prompte décadence : le génie du monarque s'affaiblit, les prêtres ressaisirent leur proie; l'édit de Nantes et la mort de Colbert précipitèrent la ruine de l'Industrie.

Persécutés par le petit-fils d'un roi qu'ils avaient placé sur le trône, les protestans, par qui fleurissait en France l'Industrie manufacturière, se virent contraints à s'expatrier, et à porter chez l'étranger les fruits de leur expérience et de leurs découvertes. L'embarras des finances accumula sur les manufactures d'intolérables impôts; et par la plus stupide des imprévoyances, pour remédier à la pauvreté du moment, on tarit les sources d'une richesse éternelle. Alors on remit en vigueur ces jurandes et ces maîtrises, entraves honteuses que l'avarice fiscale imposa à l'Industrie dans les temps barbares; que l'envie et l'incapacité conservèrent, et dont l'orgueil et la sottise ont de nos jours proposé le rétablissement. Le respect pharisaïque pour les règlemens de Colbert, dont aucun avantage ne compensait plus la sévérité, vint rétrécir encore le cercle, où s'exerçait l'Industrie; indifférente aux changemens amenés par le goût et la mode, elle ne consultait ni les usages, ni les besoins, ni les mœurs, et ne s'écartait point de l'ornière profonde, où la routine avait tracé sa marche.

Puisqu'on n'a pas craint d'invoquer, à la tribune nationale, le retour des *Jurandes et maîtrises*, esquissons en quelques lignes l'histoire de cette honteuse institution, et montrons jusqu'où l'esprit de parti peut porter la déraison ou la mauvaise foi.

Les maîtrises et jurandes sont des priviléges institués en faveur des petites communautés, aux dépens de la grande communauté de l'état. Pour les mettre sous l'abri d'un nom respectable, on s'est imaginé d'en faire remonter l'origine à Louis IX; mais il est juste de dire que les confréries d'artisans instituées par le saint roi, et dans lesquelles les ouvriers les plus anciens et les plus habiles avaient droit d'inspection sur les plus jeunes, n'avaient rien de commun avec les corporations des jurandes et maîtrises. Les établissemens de saint Louis, sans aucun droit, sans aucun privilége exclusif, n'étaient que des écoles d'Industrie, où l'on peut déjà reconnaître l'auteur de quelques institutions qui entraînèrent la chute complète de la féodalité, et de cette *pragmatique* qui mit un frein aux exactions de la cour de Rome.

Cette espèce de surveillance paternelle des ouvriers sur leurs compagnons ne pouvait d'ailleurs entraîner aucun inconvénient, à une époque où les arts Industriels étaient encore au berceau; où l'extrême simplicité des habitudes (qu'il ne faut pas confondre avec la pureté des mœurs) était telle, que l'on voyait communément deux magistrats en robe se rendre au palais, montés sur la même mule. Deux cents ans plus tard, sous Henri II, l'histoire nous apprend, que *Gilles le Maistre*, premier président, stipulait avec ses fermiers « qu'en lui apportant leurs redevances, ils lui amèneraient *une charrette couverte et bien garnie, avec de la paille en dedans, pour asseoir sa femme et sa fille; et en même-temps, une ânesse pour sa chambrière :* » le président lui-même, monté sur sa mule et suivi de son clerc à pied, ouvrait la marche; et c'est dans cet équipage que le premier magistrat de France, aux jours solennels, se rendait à Fontainebleau pour y haranguer le roi.

Les institutions patriarcales de saint Louis étaient bonnes pour le temps où elles furent créées ; mais loin de recevoir des successeurs de ce monarque les modifications commandées par le changement des mœurs et les progrès de la civilisation, elles furent converties par le despotisme en lois destructives de toute espèce de commerce et d'Industrie.

Les corporations se créèrent un chef, sous le nom de *roi des merciers*, (*mercatores*, marchands, négocians). Un seul individu obtint le privilége et le monopole de l'Industrie française. Ce roi de fabrique n'épargna pas ses sujets; il exigea des taxes, se fit payer chèrement les lettres *d'apprentissage*, de *compagnonnage*, de maîtrise : il troubla les fabricans dans l'exercice de leur Industrie; il ordonna des visites continuelles, sous prétexte de vérification de poids et de mesures, d'expertise d'ouvrages, mais en effet pour faire payer des exemptions dont il grossissait son trésor royal : car, *un roi*, dit Rabelais, *ne saurait vivre de peu.*

On se lassa de la tyrannie du *roi des merciers*, comme on se lasse de toutes les tyrannies : l'autre monarque fut accablé de plaintes, de réclamations; et successivement aboli, relevé, modifié de mille manières, ce système absurde des corporations se traîna jusqu'à nous de siècle en siècle, au milieu du cri public et de la détresse du commerce.

Le plus dissolu et le plus incapable des princes, Henri III, organisa définitivement les maîtrises et jurandes : un édit, barbare dans le double sens du mot, établit en principe, que le monarque pouvait, seul, donner au sujet le droit de travailler, et que le privilége de gagner son pain à la sueur de son front émanait du trône en droite ligne. Le même édit fixait la nature et le temps du travail; les divers degrés par lesquels l'apprenti devait passer; le nombre d'individus qui pouvaient exercer la même profession, mais surtout, la somme d'argent que chacun devait payer au trésor. On offrit aux plus Industrieux le leurre criminel d'un monopole exclusif; aux riches les moyens de se faire recevoir maîtres sans apprentissage et sans instruction; on basa sur l'injustice, sur l'ignorance, sur l'arbitraire, le plus abominable des impôts, puisqu'il portait exclusivement sur la classe laborieuse: la cupidité, la sottise et l'envie concoururent à l'établir.

Les auteurs de ce plan de finance, qui n'avaient pour but que de multiplier les exactions (en multipliant les entraves données à l'Industrie, sous prétexte d'en perfectionner les moyens) oublièrent néanmoins de faire entrer dans leur système, qui devait comprendre toutes les branches de travail, la première et la plus importante des Industries, celle qui exige une plus longue expérience, une plus grande variété de connaissances, l'agriculture. L'impudence fiscale des agens du despotisme recula devant l'idée de faire des corporations d'agriculteurs, et de créer des syndics, des maîtres, des compagnons et des apprentis laboureurs: on respecta du moins la liberté de la charrue.

Plus les corporations étaient odieuses, plus leur organisation présentait de difficultés : le peuple gémissait; des édits, et des archers répondaient à ses plaintes. Vers la fin du règne de Louis XIV, tous les bourgs et toutes les villes du royaume furent soumis à cette infâme servitude : on créa des bataillons d'officiers extorsionnaires, qui achetaient du gouvernement le droit de nuire au commerce. Il y eut des commissaires auneurs de toile, auneurs de draps, langayeurs de porcs, peseurs de foin, visiteurs d'eau-de-vie; des huîtriers suivant la cour; des commissaires empileurs de bois, des inspecteurs de prunes et d'abricots, des vérificateurs d'eau de la reine d'Hongrie, etc., etc.

Étranges officiers publics! Les communautés s'empressèrent d'acheter toutes ces charges, et multiplièrent les vexations pour en payer la finance. La seule énumération de tous ces agens destructeurs du commerce et de l'industrie, et des droits perçus par le fisc et les jurandes, exigerait un volume entier : maîtres anciens, maîtres modernes, grandes et petites jurandes, communautés patentées ou non patentées, syndics et grands-gardes, enregistremens, lettres de maîtrise, droit royal, droit de réception, droit d'ouverture de boutique, honoraires du doyen, honoraires des jurés, de l'huissier, du clerc; droit de cire, de chapelle, de bienvenue, des gardes-jurés, du clerc de la communauté; imposition annuelle pendant le temps de l'apprentissage et du compagnonnage, etc., etc., etc. Il fallait passer par tous ces degrés, payer tous ces tributs, pour exercer la plus infime des professions; et, si l'on n'avait pas de quoi payer les frais de son apprentissage, mendier son pain, voler sur les grandes routes, et aller expier au bagne ou sur l'échafaud le crime du gouvernement, qui mettait l'homme pauvre hors de la loi civile, en lui ôtant tout moyen et toute espérance de se rendre utile à la société!

Telle fut, jusqu'en 1757, la stupide incohérence des règlemens, c'est-à-dire, des entraves mises au commerce et à l'Industrie, que la fabrication des toiles peintes était interdite en France, en même temps que les prohibitions les plus sévères défendaient l'introduction et l'usage des toiles étrangères.

« On inquiétait » (dit l'abbé Morellet, dans un ouvrage intitulé : *Réflexions sur la libre fabrication des toiles peintes*), « on inquiétait les citoyens, » surtout en province et jusque dans la capitale, » par des visites domiciliaires; on dépouillait les » femmes à l'entrée des villes; on envoyait des » hommes aux galères pour l'introduction d'une » pièce de toile; enfin, toutes les tyrannies financières et commerçantes étaient employées pour » arrêter les progrès de l'Industrie, et pour empêcher le peuple français de s'habiller et de se meubler à bon marché. »

Je n'ai pas indiqué la dixième partie des absurdités, des abus, des vexations, dont ce déplorable système était la source : on aurait pu croire, à l'examiner dans son Code réglémentaire, que l'Industrie était une chose essentiellement nuisible, dont le législateur s'était efforcé d'arrêter les progrès; et que le travail était un crime, à la répression duquel il avait employé tout son pouvoir.

Dans un pays, où le ridicule a tant d'empire, on peut s'étonner qu'il n'ait pas renversé une institution, où l'arbitraire, l'avarice et la vanité semblaient se disputer le prix de l'extravagance; une institution fondée sur la hiérarchie de quarante-deux mille offices (1) et officiers, attachés comme autant de sangsues au corps du commerce. Ne suffisait-il pas, pour ruiner le système des corporations et des jurandes, d'énumérer cette immense quantité de taxes bizarres, et ces procès continuels qui devaient en être l'infaillible résultat? Quelle source intarissable de satire et de plaisanteries, que ces inimitiés de corps, que ces guerres de professions d'autant plus envenimées, que les parties belligérantes étaient plus voisines. Un traité de paix entre les Grecs et les Turcs n'est pas plus difficile à faire aujourd'hui, que ne l'était alors un armistice à conclure entre les fripiers et les tailleurs : quel était le caractère distinctif de l'habit neuf? à quel signe pouvait-on reconnaître qu'une veste avait été portée? à quel degré de service une culotte rentrait-elle dans le domaine public? Toutes ces questions insolubles, et mille autres semblables, devenaient la cause ou le prétexte d'innombrables actions portées devant les tribunaux.

(1) Voy. *Forbonnais*.

Les maréchaux, les forgerons, les cloutiers, les taillandiers, les ferronniers, les serruriers, les poseurs de sonnettes, formaient autant de corps d'armées, toujours en présence, toujours prêts à se battre pour l'intégrité de leurs frontières, qu'ils ne connaissaient pas, et dont personne ne pouvait assigner les limites. S'il arrivait qu'un serrurier fabriquât des clous, qu'un cloutier limât un pène, qu'un maréchal forgeât, qu'un taillandier ferrât, la guerre était déclarée, on plaidait à outrance; et on léguait à ses derniers neveux, avec les outils du métier, les procès dont les successions étaient grévées de père en fils. En prenant un terme moyen entre dix mille francs et un million, on a calculé que les seules communautés de Paris dépensaient annuellement cent mille écus en plaidoiries (1).

Les honteuses entraves dont le gouvernement avait garrotté l'industrie, l'empêchaient seules de prendre l'essor. M. Turgot, administrateur philosophe, entreprit de les briser, et fit rendre l'édit du 25 février 1776, qui supprimait les *maîtrises et jurandes:* mais l'intrigue qui le renversa du ministère ne tarda pas à les rétablir; il était réservé à l'Assemblée constituante d'en débarrasser définitivement la France.

Une fois libre, le géant a pris sa course. En vain les orages d'une révolution terrible, en vain

---

(1) *Voy.* dans le Supplément à la fin du volume, l'excellent rapport du Conseil général de commerce, pour une foule de détails où il n'est pas permis d'entrer dans ce préambule.

les discordes intestines et les guerres étrangères ont épuisé la France et bouleversé son sol : les arts industriels ont fleuri au milieu des laves du volcan et sur les cendres de l'incendie. Nos ateliers étaient vides; les ouvriers étaient devenus soldats; les plus vieux emportaient au tombeau le secret de leur expérience; le *maximum* pesait sur le commerce; d'énormes impôts frappaient les matières premières; les manufactures pouvaient, d'un moment à l'autre, devenir la proie d'un peuple en furie : la dénonciation d'un artisan ivre pouvait perdre l'entrepreneur le plus estimé : la terreur des échafauds, ou celle du sabre, paralysaient tous les esprits, enchaînaient tous les bras : et c'est au sein de ce chaos, c'est pendant la succession de dix gouvernemens et de trente campagnes de guerre, que se sont préparés et opérés les prodiges du génie industriel des Français.

« C'est » (dit une femme dont la pensée est toujours virile quand elle échappe aux petites passions qui trop souvent la gouvernent); « c'est à la suppression des maîtrises, des jurandes, de toutes les » gênes imposées à l'Industrie, qu'il faut attribuer » l'accroissement des manufactures et l'esprit d'entreprise qui s'est montré de toutes parts : enfin une » nation, depuis long-temps attachée à la glèbe, est » sortie, pour ainsi dire, de dessous terre; et l'on s'étonne encore, malgré les fléaux de la discorde civile, de tout ce qu'il y a de talens, de richesses et » d'émulation dans un pays qu'on délivre de la triple chaîne d'une église intolérante, d'une nobles-

» se féodale, et d'une autorité royale sans limites.(1) »

La population de la France, depuis l'époque de son émancipation politique, a augmenté de plus d'un sixième : les mariages beaucoup plus fréquens dans la classe ouvrière, une plus grande aisance toujours croissante, le morcellement des grandes propriétés, telles sont les causes principales de ce phénomène.

L'arbre de l'Industrie, libre d'étendre ses racines, s'est enrichi de branches nouvelles. On a remplacé momentanément la cochenille par la garance, l'indigo par le pastel, le sucre de cannes par celui de betteraves; on a découvert dans le bois l'essence du vinaigre; on a trouvé dans des substances vulgaires des produits précieux que personne n'y soupçonnait.

De nouveaux appareils pour la distillation des vins; de nouveaux procédés dans l'art de blanchir les toiles, de chauffer les appartemens, les cuisines, les fabriques, d'éclairer les maisons (2), les ateliers et les rues, ont porté l'économie dans les habitudes les plus nécessaires de la vie. L'art de peindre les toiles, conduit à sa perfection, a mis à la portée des classes infimes des vêtemens tout à la fois plus

(1) Mad. de Staël, *Considérations sur la révolution française*, tom. Ier, pag. 284.

(2) C'est l'ingénieur français Lebon qui a fait pour l'éclairage, le chauffage, etc., ces découvertes importantes, dont les Anglais ont recueilli les premiers fruits.

élégans et plus solides. Le chimiste a révélé au teinturier le secret de nouvelles couleurs; les cuirs et les peaux de toute espèce ont reçu en un mois des préparations qui exigeaient autrefois une année, et l'on a trouvé dans leur fabrication la double économie du temps et des frais.

Ce qui donne surtout une vive satisfaction au philosophe ami de son pays, qui ne voit que des égaux dans ses compatriotes, c'est la pensée que tant de progrès n'ont pas seulement favorisé le luxe, et satisfait l'opulence, mais que l'indigent surtout doit les bénir. Grâce aux bienfaits de cette Industrie populaire, le pauvre aussi peut goûter sinon les jouissances du luxe, du moins les plaisirs du bien-être. Il peut échauffer son foyer, le garnir d'une poterie salubre, compacte et de forme élégante; munir sa demeure de verres blancs et solides; se préparer un lit plus doux, au prix dont il payait la paille de son grabat. L'eau qu'il boit, filtrée par le charbon, peut avoir été, sans inconvénient, puisée au milieu des immondices dont se charge une rivière qui traverse une grande ville. A-t-il le germe de quelque talent? les écoles d'instruction mutuelle sont ouvertes, et la plus modeste chaumière peut avoir sa bibliothéque, en éditions stéréotypes.

Tous les genres de quincailleries mieux fabriqués; l'imitation perfectionnée de ces nombreux tissus de laine et de coton, qui formaient l'apanage exclusif de l'Inde et de l'Angleterre; la création, ou pour parler plus juste, la formation de l'alun, de la soude, de la potasse, des couperoses; et, en un mot, par la combinaison directe de leurs principes constituans, la fabrication de toutes les sortes de sels; les eaux minérales les plus nécessaires à la médecine, sortant élaborées de la cornue du chimiste; enfin notre Industrie, rivale en tous points de celle des nations les plus florissantes qui s'étaient enrichies de nos découvertes; tels sont les fruits de *la liberté* du travail, qui n'est elle-même qu'un des résultats de *la liberté* politique.

Dans l'espace de temps qui s'est écoulé depuis l'exposition dont je vais rendre compte, plusieurs attaques ont été faites contre l'Industrie nationale; la seule qui mérite quelque attention, du moins par le caractère de celui qui l'a dirigée, est celle dont la tribune de la chambre des députés a retenti, et dont le commerce de Lyon a été spécialement l'objet : on n'a pas craint de dire que la suppression des corporations avait été pour cette seconde capitale de la France, le signal de la ruine de toute Industrie. On peut être tenté d'ajouter foi à une pareille assertion, quand on l'entend sortir de la bouche d'un fabricant de cette ville; et ce n'est qu'après avoir recueilli sur les lieux mêmes les renseignemens les plus exacts, qu'on peut se croire autorisé à démentir formellement un fait énoncé avec tant d'assurance. Je mettrai encore cette fois les faits à la place du raisonnement; c'est la seule manière de répondre à l'esprit de parti.

En 1789, il n'existait à Lyon que 14,500 métiers.

En 1820, on en comptait 24,000. Dans les années 1787, 88, et 89, on tirait du sol des produits en soie, pour une valeur moyenne de 18 millions.

On en faisait venir de l'étranger pour 24 millions huit cent mille francs.

D'où il suit, que la *totalité des manufactures de France*, à cette époque, consommait annuellement pour une valeur de 42 millions en soies indigènes ou exotiques.

En 1820, *les fabriques de Lyon* ont consommé pour 23 millions de soie de France, et 22 millions de soie étrangère; en tout 45 millions, c'est-à-dire, pour une valeur de trois millions de plus, dans la seule ville de Lyon, qu'il ne s'en consommait, en 1787, dans le reste de la France.

Quant aux produits matériels des 24 mille métiers qui existent à Lyon, au moment où j'écris, si l'on observe qu'ils sont plus que doublés par le perfectionnement introduit dans leur construction, par la mécanique de l'invention de M. Jacquard, on sera forcé de convenir que je reste beaucoup au-dessous de la vérité, en n'annonçant qu'une augmentation du double, dans les produits qui sortent aujourd'hui des fabriques de Lyon.

Veut-on une preuve plus incontestable encore des progrès immenses de cette branche d'Industrie?

Les *comptes rendus* de M. Turgot et de M. Necker font monter de 18 à 24 millions les exportations des fabriques lyonnaises, avant la révolution; cette même exportation, tant à l'étranger qu'à l'intérieur de la France, s'est montée, en 1820, à plus de 75 millions : accroissement d'autant plus extraordinaire, que l'Angleterre, qui s'approvisionnait autrefois de soieries à Lyon, a naturalisé chez elle cette branche d'industrie.

J'ai moi-même à me reprocher une erreur que je m'empresse de réparer : en parlant des manufactures de Lyon, dans une feuille publique (*la Renommée*), où j'ai consigné quelques observations sur l'exposition de 1819, j'ai dit que ces fabriques étaient restées en arrière par rapport à l'art du dessinateur; j'aurais dû spécifier que cette observation n'était applicable qu'aux étoffes pour meubles, et qu'à tout autre égard, les fabriques de Lyon avaient suivi les progrès de l'Industrie nationale.

Cette ville ne s'est même pas contentée de perfectionner ses anciennes fabriques, elle a fait une conquête importante sur l'Industrie étrangère. En 1789, la fabrication du crêpe était le partage exclusif de la ville de Bologne; et telle est la supériorité que Lyon s'est acquise en peu de temps dans ce genre d'Industrie, que Bologne, hors d'état de soutenir la concurrence, l'a abandonnée entièrement à sa rivale.

Cette espèce de dénonciation contre l'Industrie des Lyonnais, avait pour but et pour conséquence de déplorer la perte de ces *admirables corporations*, auxquelles, à en croire M. Pavy, Lyon avait été redevable de son ancienne prospérité : on vient de voir ce qu'il y a de vrai dans ces doléances : un fait achèvera de mettre en lumière une vérité, à laquelle je me flatte que cet ouvrage servira de développement : *la liberté est le premier besoin du commerce.*

Une seule industrie, celle des tireurs d'or, est encore entravée dans sa marche par le droit *de largue* (1), que s'est réservé le gouvernement dans le tirage de l'or. Ce droit est un privilége, et ce privilége tellement nuisible, qu'une branche d'Industrie exclusivement française, dont l'Europe et l'Asie étaient jadis tributaires, s'est naturalisée sur plusieurs points commerciaux de notre continent; et que Lyon, où cette industrie a pris naissance, est obligé maintenant de tirer de l'étranger la plus grande partie du fil d'or qu'elle emploie dans ses fabriques.

On a encore avancé comme un fait, que le système des corporations était la seule garantie qu'on pût avoir à Lyon, contre les émeutes des ouvriers. Cependant il reste prouvé que, depuis 1744, époque des règlemens de corporations, on peut citer quinze ou vingt révoltes, plus ou moins caractérisées (une entr'autre, dans laquelle le chef de la maréchaussée fut tué sur la place); et que, depuis la suppression de ces mêmes maîtrises, il n'y a pas eu la moindre émeute parmi les ouvriers de cette ville.

Les fabriques de rubans de Saint-Chamont et de Saint-Étienne, du département de la Loire, ont

---

(1) Le tirage du fil d'or jusqu'à une grosseur donnée.

également pris une extension proportionée à celle des manufactures de soieries de Lyon.

Un fait isolé, mais frappant, fera mieux sentir encore la bienfaisante influence que la révolution a exercée sur l'Industrie.

Dans les montagnes des Vosges se trouve la petite ville de Guebviller, à laquelle donne son nom la vallée où elle est bâtie. Là dominait, avant la révolution, un saint et noble chapître : un prince-abbé le dirigeait; seize *quartiers de noblesse* étaient nécessaires pour y être admis; des revenus immenses embarrassaient les bons pères, qui ne cessaient de faire bâtir, et qui ne pouvaient qu'à grand'peine se défaire de leur superflu. Le bon homme l'a dit :

.... Dieu prodigue ses biens
A ceux qui font vœu d'être siens.

Ce profond silence qui favorisait le doux repos des chanoines, et que les orémus seuls interrompaient, cette bienheureuse fainéantise, cette population sacrifiée au bien-être de quelques diseurs de bréviaire; hélas! toutes ces images de béatitude se sont évanouies. De bruyans ateliers se construisent. Là où dînait le prieur, cent métiers à la *Jenny-Mull* vont faire entendre leur cliquetis éternel. Tout est bruit, travail, activité, industrie. Une pompe à vapeur, de la force de cinquante chevaux, donne le mouvement à la mécanique, qui, elle-même, est le principal moteur d'une manufacture immense. On y compte déjà jusqu'à deuze fabriques de divers genres; M. *Schlumberger* en établit une nouvelle, qui doit rivaliser avec les plus vastes établissemens, et qui a pour objet spécial la filature en fin des cotons, depuis le n° 100 à 300.

Tout auprès de la ville, une manufacture de produits chimiques donne de beaux et nombreux résultats. Le village auquel les saints pères faisaient la charité, va devenir une ville importante et riche. Je ne sais si je me trompe, mais je crois que les noms de MM. *Schlumberger*, etc., qui enrichissent leurs concitoyens et font honneur à leur patrie, sont à peu près aussi agréables à Dieu que les mille et quelques *quartiers*, accumulés sur toutes les têtes réunies du vieux chapitre, depuis sa fondation.

Il est temps de m'arrêter; j'ai voulu dans cette introduction tracer l'esquisse rapide d'une *Histoire de l'Industrie*; déplorer son long esclavage en France; relever, à ses propres yeux, la classe ouvrière trop long-temps dédaignée; montrer dans les arts mécaniques le moyen de civilisation le plus actif et le plus puissant, et la source la plus abondante du bien-être, de la richesse et de l'indépendance des nations; j'ai voulu surtout faire chérir la liberté, qui seule, et malgré sa longue et déplorable lutte, a pu produire les résultats prodigieux dont cet ouvrage a pour but de rendre compte.

L'*Histoire complète de l'Industrie* manque à la littérature de tous les peuples; et l'on peut s'étonner que parmi les philosophes, dont l'esprit subtil s'est exercé sur tant de matières oiseuses, aucun n'ait encore cherché quelle a été l'influence réciproque de la pensée sur les arts mécaniques et des arts mécaniques sur la pensée (1).

J'ai dû me borner à indiquer dans cette introduction les principaux traits de ce vaste tableau des progrès et des conquêtes paisibles de l'Industrie humaine ; et je n'ose même me flatter d'avoir donné à la partie très-circonscrite sur laquelle je me suis arrêté, tout le développement dont elle est susceptible. Peut-être, cependant, lira-t-on avec quelque intérêt les chapitres suivans ; j'aurai atteint mon but si l'on y trouve des raisons de plus, d'aimer la France, de haïr le despotisme, et d'apprécier les bienfaits d'une sage liberté, hors de laquelle il n'y a pour les nations ni Industrie, ni véritable prospérité.

---

(1) Un jeune littérateur, dont je me plais à prédire les succès, M. *Ph. Chasles*, à qui j'ai donné le conseil de traiter un sujet si fécond, s'en occupe en ce moment.

LISTE ALPHABÉTIQUE

Des Fabricans, Artistes, etc., des Manufactures, Établissemens, etc., cités dans le texte de l'Ouvrage; avec référence aux pages où il est question de chacun d'eux.

(N. B. *Quelques erreurs se sont glissées dans l'orthographe des noms propres mentionnés dans le texte ; la Table suivante tiendra lieu d'Errata.*)

FIN DE LA LISTE DES FABRICANS CITÉS.

AVIS.

Outre la Liste précédente des Fabricans, Artistes, etc., cités dans le corps de l'ouvrage, nous avons placé dans le Supplément, pag. 165, *trois Listes,* qui offrent le tableau complet de l'Industrie française actuelle.

La première est consacrée aux Fabricans qui ont obtenu, en 1819, des *Médailles* ou *Mentions honorables.*

La seconde est destinée à ceux qui ont obtenu la *Médaille d'or* ou *d'argent* aux expositions précédentes, et auxquels, pour cette raison seule, il n'en a point été délivré à celle de 1819 : *Vétérans de l'Industrie,* qui ont toujours été nommés les premiers par le Jury, et dont plusieurs étaient *Membres du Jury* même.

La troisième est réservée aux *vingt-neuf* Fabricans qui, à la suite de cette dernière exposition, ont reçu la décoration de la *Croix-d'Honneur*, ou d'autres *Distinctions honorifiques.*

Enfin, un dernier *Erratum* corrige les erreurs qui ont pu se glisser dans ces différentes Listes.

DE L'INDUSTRIE.

CHAPITRE I.

Le Louvre. — Aveu d'un journaliste anglais. — Progrès de l'industrie en France.

Imaginez, disait un journaliste anglais, après avoir visité le Louvre, pendant l'exposition des produits de l'industrie française, en 1819, *imaginez vingt-huit salles du plus magnifique palais de l'Europe, remplies de tout ce que peut inventer le besoin, de tout ce que peuvent perfectionner le goût et le luxe, de tout ce que le génie peut créer, de tout ce que le talent peut exécuter. C'est un véritable triomphe pour la France, triomphe plus glorieux que tous ceux qu'elle a jamais obtenus. Dans ce pays, les arts marchent à pas de géant vers la perfection. Des manufactures, encore dans l'enfance il y a cinq ans, sont déjà parvenues au plus haut point de développement : d'autres, à peine connues l'année précédente, appellent aujourd'hui les regards et l'attention publique. Dans les arts d'agrément les Français ont toujours occupé le premier rang parmi les nations industrieuses. Les voilà pour le moins au second dans les produits des choses usuelles.*

C'était une idée heureuse que celle de l'exposition; elle a été exécutée avec beaucoup d'habileté. Le gouvernement en supporte les frais, et les avantages sont pour les manufacturiers. . . . .

. . . .

. . . .

En fait d'industrie, le peuple anglais fut long-temps sans connaître de rivaux; mais il en a un maintenant, et ce rival est formidable............. La France voudrait nous enlever notre commerce. La fierté des Bourbons n'a point dédaigné des marchands au lever royal. Louis XVIII a appris quelque chose en Angleterre; mais il a appris davantage en France. Comment pourrais je vous donner une idée exacte de cet immense bazar, au milieu de cette foule d'objets plus ou moins intéressans, qui tour à tour attiraient et détournaient mon attention? etc., etc., etc.

L'opinion d'un Anglais sur ces matières mérite d'être citée; c'est une industrie rivale qui juge notre industrie; c'est elle qui prend la peine de justifier notre enthousiasme national, par les éloges que lui arrache la vérité.

Pour la première fois depuis vingt ans, nous avons vu s'ouvrir ce magnifique concours de l'industrie française.

Je n'insisterai sur l'origine républicaine de cette grande institution, que pour prouver que cette époque fertile en malheurs et en crimes n'a point été perdue pour la gloire nationale : ce qui la distinguera, dans l'histoire, de cette autre époque désastreuse de 1815, où les calamités ne trouvèrent aucun dédommagement, où le crime fut sans aucune compensation.

De tous les moyens qu'un ministre peut employer pour se faire pardonner les fautes, et même, au besoin, les vices de son administration, il faut avouer que le plus noble est d'occuper l'opinion publique d'un objet d'intérêt général. Ce fut donc à la fois une idée heureuse et une conception habile de M. le ministre de l'intérieur, que cette exposition solennelle des produits de l'industrie française. De quoi s'agissait-il en effet ? De consoler la nation des revers de sa fortune; de lui prouver que, dans le repos des armes, elle peut régner encore par les lois, par l'industrie et par les arts. Pour apprécier les droits de la faction oligarchique qui prétend nous imposer son joug, il suffit de cette seule remarque, qu'elle dédaigne l'industrie, et qu'elle est étrangère aux arts.

Une telle exposition de nos richesses nouvelles, devait déplaire à certains hommes incorrigibles. L'on vit un journal, déjà perdu d'honneur, saisir cette occasion pour prouver que le commerce est le fléau des arts, que les travaux industriels sont à mépriser, et les classes ouvrières dignes d'une pitié dédaigneuse. Il était naturel que les ennemis de la révolution détestassent cette industrie, qui a grandi avec elle, et qui a suivi les progrès de la société tout entière.

Sous quelque rapport en effet que l'on considère aujourd'hui l'état social, on ne peut nier les progrès immenses dont il est redevable à la révolution. Je sais que cette proposition, d'une évidence mathématique, est formellement contredite par les vieux enfans qui s'intitulent hommes monarchiques; on s'amuse à leur répondre : il suffit, je crois, de les mettre en présence des faits, sinon pour les convaincre, du moins pour les confondre.

Après avoir comparé la France à elle-même, à deux époques éloignées seulement d'un demi-siècle, il est impossible à tout homme qui n'a pas renoncé à son bon sens, ou qui n'a pas l'intention de se moquer de celui des autres, de ne point avouer, qu'un régime à peu près constitutionnel a remplacé l'arbitraire; que la nation est plus heureuse; que le peuple est moins pauvre; que l'instruction est plus généralement répandue; que les impôts sont plus également répartis; que la terre est mieux cultivée; que les arts libéraux ont avancé vers la perfection, et que les arts industriels sont au moment de l'atteindre. Je ne parle pas ici de la gloire des armes; les hommes auxquels je parle, ne manqueraient pas à leur tour de prouver, par le fait, qu'un jour de revers a détruit trente ans de victoires. Laissons-leur ce funeste avantage, et contentons-nous de les inviter à triompher sur ce point avec plus de modestie.

Chacune des assertions que je viens d'avancer peut se prouver par des résultats; je me borne en ce moment à ceux qui constatent avec tant d'éclat les progrès de l'industrie nationale.

S'il est vrai que l'on voit toujours marcher d'un pas égal les besoins, l'industrie, et les connaissances; s'il est plus certain encore que le peuple le plus et le mieux occupé est en même temps le plus libre et le plus paisible; le premier devoir d'un gouvernement sage est de protéger, d'encourager, les hommes utilement industrieux.

Les produits de l'industrie française ont été exposés dans les vastes salles du Louvre, qui jamais ne reçurent d'hôtes plus honorables.

C'est au premier étage, dans les deux corps-de-logis de l'est et du sud, que s'est faite l'exposition.

Les deux magnifiques escaliers, ouvrage de M. Fontaines, ont reçu le premier tribut de l'admiration publique. C'est assez en faire l'éloge, que de dire qu'ils sont dignes de cette partie du monument qui a placé Perrault au premier rang des architectes. Un des chefs-d'œuvre de la sculpture moderne, l'*Ajax* de M. Dupaty, décore la partie supérieure d'un de ces escaliers.

Parmi les travaux intérieurs exécutés depuis quatre ans, j'ai remarqué le pavé en mosaïque des portiques de la colonnade, les plafonds et les parquets de plusieurs salles, et la totalité des croisées en glaces, dont on porte la valeur à plus de cent mille francs.

Oui, ce devait être un spectacle affligeant pour les cœurs jaloux de la gloire française, que ce palais national, ce Capitole de la France, ce Louvre, si élégant, si orné, si grave, si magnifique dans ses détails et si simple dans son ensemble, la merveille peut-être de l'architecture moderne, devenu le sanctuaire de l'industrie nationale, et le dépôt de cette foule de merveilles qu'un peuple étonnant a enfantées au milieu de ses troubles publics.

CHAPITRE II.

Instrumens aratoires. — Appareils de distillation. — Bateau insubmergible. — Pompes à feu.

Dans cette description de l'exposition la plus récente des produits de l'industrie française, il m'est impossible de m'assujettir à une marche exacte et à un ordre régulier; je me contenterai de parcourir les diverses salles par la pensée, et de décrire les objets remarquables qui s'y trouvaient, à peu près dans l'ordre même où ils se sont présentés à mon observation. Quelques souvenirs historiques ajouteront peut-être un degré d'intérêt aux détails techniques qui sont nécessaires dans un travail de ce genre, et des aperçus rapides, jetés sur les progrès des arts, nous feront mieux sentir et apprécier les perfectionnemens progressifs des lumières humaines.

Sans doute on ne s'étonnera pas que je m'arrête d'abord dans la première salle du rez-de-chaussée où se trouvent exposés des instrumens aratoires, des ustensiles en fer, en plomb, en bois, dont le seul mérite est dans leur utilité, et qui n'ont de prix qu'aux yeux des amis de l'économie rurale et domestique.

Pour la plupart de ceux qui entrent avec moi, cette salle n'est qu'un passage; la foule se porte par le grand escalier aux salles supérieures, où brillent l'or et l'acier, où étincellent les cristaux, où flottent ces légers tissus qui l'emportent en beauté sur ceux de la Chine, de l'Inde et de la Perse.

Dans le petit nombre des amateurs qui conduisent leur curiosité, au lieu de se laisser entraîner par elle, je remarque encore que plusieurs dédaignent d'abaisser leurs regards sur les simples produits des arts mécaniques, et croient s'amuser plus noblement en contemplant les statues pédestres, et pour la plupart assez médiocres, de Duguesclin, Bayard, Turenne, Condé, Catinat, Luxembourg, Tourville, Duquesne, Vauban et Dugommier. On aime à contempler, au milieu de cette vaillante élite, le modèle équestre des bons rois, dont le cheval n'est pourtant pas celui de Marc-Aurèle.

Mes regards se fixent d'abord sur le premier, le plus noble et le plus simple des instrumens, sur *la modeste charrue*. Long-temps ignorée des cultivateurs, elle a rendu plus de services aux hommes que les travaux orgueilleux de vingt législateurs et de vingt rois. On a vu les habitans du Pérou passer de longues journées à donner à leurs terres un mauvais labour, que la charrue aurait exécuté beaucoup mieux en beaucoup moins de temps; et dans ce siècle même, il y a encore au Sénégal, en Égypte, au Chili, des contrées entières, où l'on se sert de truelles, de cornes de bœufs et d'épées de fer, pour remuer laborieusement une terre qui demeure ingrate. Le bienfait de l'invention de la charrue fut senti des Égyptiens, des Phéniciens, des Grecs, des Chinois, qui divinisèrent et adorèrent ceux de qui ils croyaient la tenir. Osiris, Dagon, Triptolème et Chin-Nong, successeur de Fo-hi, et qui a donné son nom à la Chine.

Elle n'est arrivée que lentement au point de perfection où nous la voyons aujourd'hui : d'abord un simple morceau de bois très-long, et recourbé de manière à ce qu'une partie enfonçant dans la terre, l'autre servît à atteler les bœufs; ensuite une charrue à manche et sans roue; plus tard un instrument de deux pièces, dont l'une servait de soc et de l'autre timon, précédèrent la charrue telle que nous la connaissons aujourd'hui.

Je vois ici douze modèles de charrues, depuis l'araire des Romains jusqu'à la charrue à double soc. Il ne m'appartient pas de prononcer sur ces divers modèles, présentés par MM. Guillaume et Molard, sous-directeurs du Conservatoire des arts et métiers : dans ce genre d'industrie, la pratique et l'expérience sont les seuls juges irrécusables.

On doit à M. Barrètes ces *hache-pailles* et ces *râpes à pommes de terre* d'une construction aussi simple qu'ingénieuse; et c'est à M. Quentin-Mousse, tonnelier à Chéry-l'Abbaye, que l'agriculture est redevable de ce *moulin à cribler toutes sortes de grains* dont les avantages sont attestés par l'autorité locale et par les cultivateurs du pays.

Saisissons encore une occasion de rendre hommage aux progrès de la civilisation. Les moulins à vent et les moulins à eau appartiennent à l'Europe moderne : ce furent long-temps des bras humains qui tournèrent la meule. Le dernier et le plus malheureux des hommes était, suivant Moïse, « *le premier né de la servante qui tourne la meule au moulin.* » Chez les Grecs et chez les Romains, le besoin de moudre le blé pour le réduire en farine, consumait la vie de plusieurs millions d'esclaves. Faute de connaître les moulins à vent ou à eau, Rome, que le stupide Caligula avait privée de chevaux et d'esclaves, pensa périr par la famine (1). Le moulin était le supplice le plus affreux après l'exil (2); et ce ne fut que vers la fin du quatrième siècle, que les moulins à eau et à vent, dont l'origine est incertaine, épargnèrent à l'humanité un supplice affreux, facilitèrent la mouture des grains, et assurèrent l'approvisionnement des plus grands empires.

A droite, dans cette même salle, j'ai remarqué de *vastes appareils de distillation* : l'un de M. Drosne, demeurant à Chaillot; et l'autre de M. Boccard, sous le nom d'*alcoholisatoire*. Ce dernier appareil offre, avec l'avantage de s'échauffer facilement et de consumer peu de combustibles, celui d'opérer simultanément des distillations de différens degrés par un moyen simple et facile : les essais qui en ont été faits à Rouen ont parfaitement réussi.

Je n'avais pas saisi, au premier coup d'œil, le but d'utilité d'un *bateau en toile*, exposé sous le n° 55 : mais si, comme on me l'a assuré, *ce bateau insubmergible* de M. Desquimare peut contenir huit personnes, se ployer et se transporter facilement d'un lieu à un autre, la marine pourra tirer de cette invention d'inappréciables avantages. Déjà l'abbé de la Chapelle avait inventé le *scaphandre*, qui, formé de deux pièces de liège réunies, pouvait soutenir le corps de l'homme au-dessus des eaux, et le faire surnager au milieu des plus violens orages. Un autre inventeur, ajoutant à cet appareil des semelles de plomb, était parvenu à traverser à pied une rivière assez large.

---

(1) *Voyez* Suétone.

(2) Édits de Constantin. — Poésies d'Ausone.

Le bateau en question est un perfectionnement très-utile de ces deux méthodes.

Si M. Desquimare nous garantit des caprices de l'onde, MM. Guillard et Launay nous protégent contre les fureurs du feu. Le premier, garde-magasin des pompiers, est l'inventeur d'une pompe traînée par un cheval, et portée sur une espèce d'avant-train, où se placent les hommes et les ustensiles nécessaires à son service; ce qui accélère l'arrivée et l'application des secours.

Le tonneau hydraulique de M. Launay (faubourg Saint-Honoré) est destiné au même usage : la pompe, qui s'y trouve adaptée, jette l'eau à plus de cent pieds de hauteur, et peut en lancer un muid par minute. Ce tonneau-pompe est d'une construction si aisée, que les ouvriers les moins habiles, même dans les campagnes, peuvent, à la seule inspection du modèle, en fabriquer de semblables. L'administration municipale, dans chaque commune, n'aurait besoin que de consacrer à cet usage une très-petite partie des fonds dont elle dispose, pour se procurer ce moyen puissant d'arrêter les ravages du feu, si fréquens et si déplorables dans les villages. On ne peut qu'engager MM. les maires à s'occuper de ce soin important, au risque de négliger un peu celui qu'ils se donnent pour les élections. Les ministres leur en tiendront moins de compte que leurs administrés; mais le temps peut venir où les maires ne seront plus à la nomination des ministres : il faut tout prévoir.

Arrêtons-nous, pour remarquer que les Français sont peut-être le peuple auquel la science hydraulique est le plus redevable. Les effets de la vapeur, si bien mise en œuvre par l'industrie britannique, avaient été depuis long-temps calculés et appréciés par l'Académie des sciences de Paris. Ceux qui ont le mieux écrit sur la théorie de l'hydraulique (excepté le fameux et bizarre Schott) étaient des Français; Mariotte, de Caux, Bélidor, de Chasles, etc., etc., etc. Les pompes à feu ont été inventées à Paris et perfectionnées à Londres et en Amérique. Notre destin, dans toutes les parties de la mécanique et de la science, est de créer et d'abandonner ensuite nos propres créations, comme cet oiseau qui dépose ses œufs dans le sable et qui les laisse féconder par d'autres.

CHAPITRE III.

Du fer. — Fonte de fer. — Mortiers en fonte. — Ustensiles divers en fonte. — Cuivres laminés. — M. Dufaud; lames pour canons de fusil.

Une des plus grandes richesses de la France, c'est le fer. Aucun pays n'a des mines de fer aussi considérables ni aussi productives. Le fer blanchi, le fer battu, le fer trempé, le fer fondu, ont fait la fortune de plus d'une province, où se sont établies ces diverses manufactures.

La fonte du fer a présenté de grands obstacles à l'industrie humaine. L'or est ductile en sortant du fourneau; mais le fer rougit et reste intraitable. Aussi l'art de la fonte a-t il été excessivement long à se perfectionner. Les Grecs eux-mêmes ne purent fondre que des ouvrages d'une très-médiocre grandeur. Sous Louis XIV, Le Moine fit faire des progrès à cette industrie, que les frères Périer ont le plus contribué à porter au degré de perfection où elle est arrivée. Et ce ne fut que peu de temps après, que l'on apprit à fondre les canons d'une seule pièce.

Tout à côté des pompes, dont nous avons parlé dans le chapitre précédent, se trouvent les *mortiers en fonte* d'un tourneur en métaux, qui a trouvé l'art de donner au fer fondu la souplesse de l'étain et le poli de l'acier. L'application de ce procédé à la fabrication de tous les vases dont la solidité est la condition la plus essentielle, met en évidence l'utilité de cette découverte, rendue plus sensible par le bas prix des objets. Un assortiment de six mortiers, d'une belle forme et d'un poli remarquable, ne coûte que deux cents vingt francs.

Les casseroles, exécutées avec la même matière et la même économie, sont à l'abri du danger de l'oxide qui s'attache au cuivre, que l'on emploie au même usage ; la pesanteur est le seul inconvénient qu'elles présentent. MM. Baradelle de Paris, Chaimpel d'Allovard, Blumenstein de Vienne, Cavilier d'Amiens, d'Againe de Brousseval, Bachelier de Bourberouge, Goupil de Dampierre, et Wurtz de Strasbourg, ont exposé des modèles d'outils, de serrures et de vases en fonte : MM. Rochet de Bèze et Stéhelin de Villers en ont fabriqué des socs et des roues de charrue. Cette découverte est une des plus récentes et des plus utiles conquêtes de l'industrie.

C'est surtout par l'emploi du fer que nos richesses industrielles se sont accrues depuis quelques années dans une progression surprenante : c'est à l'industrie des Musseau de Paris, des Robin Peyret de Saint-Étienne, des Irrois d'Arc, des Rivals-Ginela de Villemoustanson, des Monmouceau et Dequenne d'Orléans, des Rochet de Bèze, des Garrigon, des Seus de Toulouse, des Saint-Bris d'Amboise, des Lemire de Clairvaux, et de plusieurs autres hommes également utiles et modestes, que sont dus ce fer, cet acier, ce plomb, façonnés en tuyaux, en mortiers, en fourneaux, en ressorts, et principalement ces faux et ces limes, pour lesquelles la France fut si long-temps tributaire de l'Allemagne.

Les feuilles de cuivre rouge pour doublage, les fers gris bruns, blancs et noirs, et les tôles laminées, sortent des forges ou des ateliers de MM. Daguin d'Amboise, Gargerot de Bieuville, Dufant de Grossuvre, Aubertat de Vierson, Royer, Payen et Moriat de Nogent-le-Rotrou. M. Cavalier de Marseille a fabriqué, sans soudure, ces tuyaux en plomb laminé. C'est à MM. Mouchel de l'Aigle, Meigeon du Grand-Villars, Stamher de Strasbourg, Boucher de Rouen, et Saillard de Rugles, que la France est redevable des aiguilles, des fils de fer, de cuivre, de laiton, d'acier et d'argent. Ces produits industriels recommandent à l'estime publique leurs inventeurs et ceux qui les ont portés au degré de perfection, où ils n'ont plus rien à redouter de la concurrence étrangère.

Je ne dois pas oublier de faire mention de MM. *Boignes, Debladis* et *Guerin*, possesseurs des mines qu'ils exploitent à Imphy, dans le département de la Nièvre : les fers-noirs, les fers-blancs, les tôles, qu'ils ont fournis à l'exposition, s'y font remarquer par la beauté de leurs dimensions, telles que jusqu'ici on n'en avait point obtenu de semblables.

Les mêmes fabricans ont exposé des cuivres laminés et martelés pour le commerce et la marine.

Le cuivre étant un métal mou, facile à émousser, facile à gauchir, tous ces perfectionnemens sont d'une grande utilité.

Dans cette même salle consacrée aux métaux, M. *Dufaud*, ancien élève de l'école Polytechnique, mérite une mention particulière; les fers qu'il expose ont été fabriqués au laminoir, sans le secours du marteau. Ce nouveau procédé, qu'il a introduit dans les forges, en change absolument le système; et par l'augmentation considérable que ce procédé apporte dans les produits, il est permis d'espérer que les forges nationales suffiront désormais à la consommation de notre industrie.

Les lames pour canon de fusil, exposées par ce savant artiste, sont fabriquées par une machine de son invention; M. Dufaud résout ainsi deux problèmes d'une haute importance, laminer d'une largeur et d'une épaisseur égales, une lame de fer d'une largeur et d'une épaisseur données. J'ajoute que quatre hommes, au moyen de cette machine, fabriquent mille lames, dans le même espace de temps, qu'emploieraient cinquante hommes travaillant à force de bras par l'ancienne méthode.

Je reviendrai plus bas sur les métaux, dont le perfectionnement est remarquable depuis une vingtaine d'années.

CHAPITRE IV.

Machines diverses. — Fosses inodores.

On sait que l'opération du rouissage est longue et sujette aux plus graves inconvéniens, principalement dans les pays chauds, où les débris des végétaux putréfiés chargent l'air de principes délétères, d'où résultent pour les habitans des lieux où on fait rouir le chanvre et le lin, des fièvres pernicieuses, auxquelles succombent un grand nombre d'entre eux. M. Tissot le jeune, mécanicien à Paris, et une autre personne dont nous regrettons de n'avoir pu apprendre le nom, ont donc bien mérité de la patrie et de l'humanité par l'invention de *machines propres à teiller le lin et le chanvre sans rouissage.* J'ai vu cinq de ces machines dans la salle que je parcours; elles sont composées de cylindres à engrenage, les unes sur un plan horizontal, les autres dans une forme circulaire.

Je ne quitterai pas la salle que j'appelle *des statues*, sans parler des colonnes portatives de M. de Chabanne (rue de Passy, n° 84) : ce ne sont pas seulement des ornemens, mais de véritables pièces d'architecture, au moyen desquelles on peut, en quelques jours et à peu de frais, élever un péristyle grec, et décorer de toutes les richesses de l'art la plus modeste habitation.

Au sortir de la salle des statues, au fond d'une petite pièce à gauche, est placée une très-belle machine à tondre le drap, au moyen de laquelle, dans l'espace de douze heures, on peut tondre 1,200 aunes de drap. John Collier est l'inventeur de cette machine, qui coûte 20,000 fr.

C'est dans cette même pièce que se trouve le modèle de.... le modèle des... Comment trouver le mot propre? Je voudrais ménager la délicatesse de mes lecteurs : mais encore faut-il me faire entendre; et puisqu'il a été fait sur cet objet un rapport publié à la société d'émulation de Rouen, pourquoi hésiterais-je à dire qu'il s'agit des *fosses inodores mobiles et immobiles* de MM. de Cœur et Donat? Ce petit miracle s'opère d'une manière fort ingénieuse; je me dispenserai néanmoins d'en faire la description, bien que j'y sois encouragé par le proverbe.

CHAPITRE V.

Produits chimiques. — Tanneries. — Bois vernis. — Papiers peints. — Lits pour le service des malades et autres inventions philanthropiques de M. Daujon.

Je traverse, en fermant les yeux de peur de me distraire, la salle où sont rangés les morceaux de sculpture qui font partie d'une autre exposition, et j'entre dans une espèce de vestibule où se trouvent les produits les plus importans des procédés chimiques. Il est singulier que la science la plus obscure, la plus inutile, la plus compliquée dans son origine, que la chimie ait fini par donner les résultats les plus utiles et les plus précieux. Confondue avec la magie, elle domina long-temps les esprits crédules, envoya plus d'un charlatan au bûcher, se mêla aux folies médicales de Paracelse, aux rêveries mystiques de Van-Helmont, et ne donna quelques fruits utiles à l'humanité, que vers la fin du XVIIe siècle. Boyle et de Stahl préparèrent alors la grande révolution qui s'est opérée dans la doctrine chimique; et Lavoisier, Fourcroy, Chaptal, Berthollet, et Darcet, en l'accomplissant, influèrent prodigieusement sur les destinées de l'industrie humaine.

J'observe, à gauche, une belle cristallisation de sulfate de fer : cette couperose verte provient de la fabrique de M. Dubuc jeune, chimiste à Rouen. Il en a indiqué le prix : elle ne coûte que 9 fr. les 50 kilogrammes, moins de 20 c. la livre.

On voit dans la même pièce, des cuirs, des basanes, et

différentes peaux, préparés d'après les procédés de MM *Gardes, Majorel, Vergès* de Saint-Geniez (département de l'Aveyron); d'autres de M. *Planques*, de Clermont (l'Hérault); leurs basanes à l'huile sont tannées à l'écorce. Des cuirs forts, de MM. Salleron, et ceux préparés à la chaux par M. *Rognard*, m'ont paru d'une qualité supérieure.

Ce n'est qu'en 1765 que l'on a découvert la propriété de la sciure de chêne pour tanner les cuirs. Cette invention anglaise est passée en France, où elle vient d'être perfectionnée avec succès.

Je fais une pause au haut du grand escalier, en presence du fils d'Oïlée; cet impie Ajax, qui fait tant d'honneur à l'imagination d'Homère et au ciseau de Dupaty.

Le plan en relief de la ville de Paris, par M. Verzé, autour duquel se pressent les curieux, est un chef-d'œuvre de patience; mais qu'a-t-il de commun avec l'indsutrie nationale?

Les murs de la première chambre, où j'entre par le grand escalier, sont décorés des papiers peints de M. *Dufour*; j'ai vu des gens s'y méprendre, et se croire au salon d'exposition; peut-être au dernier salon se seront-ils crus dans la salle des papiers peints.

Sans tomber dans la même méprise, j'ai admiré les incroyables progrès qu'a faits en France, depuis quelques années, cette branche d'industrie : ce sont de vrais tableaux que ceux de la Grèce, ces courses de char, ces jardins de Calypso, ces grisailles où sont représentés les amours et malheurs de Psyché, avec toute la grâce du sujet.

On ne saurait trop louer, trop encourager les efforts qui tendent à affranchir notre industrie : sous ce rapport, M. *Werner* mérite des éloges et des récompenses; mais je ne puis lui offrir que les premiers pour l'heureux emploi qu'il a su faire des bois indigènes, dans la construction des meubles qu'il a exposés dans cette salle : sous ses habiles mains le frêne, le merisier, le sapin même, se colore, se veine, se nuance, et acquiert le brillant de l'acajou.

Les Anglais avaient fait plusieurs essais du même genre, qui avaient été couronnés d'un médiocre succès; les Allemands avaient été plus heureux (1); félicitons M. Werner d'avoir profité et d'avoir bien voulu nous enrichir d'une branche d'industrie étrangère.

Madame *Cosseron* s'est aussi occupée d'un genre de perfectionnement qui a fait de grands progrès chez les peuples du Nord, si curieux du poli de leurs meubles. Elle a trouvé moyen d'appliquer sur les murs, les boiseries, les parquets, les carreaux et les marbres, des couleurs inodores de toutes les teintes. Ces couleurs, composées sans huile, sans essence, se sèchent en vingt minutes, et un appartement peut, sans inconvénient, être occupé le même jour où il a été peint. Madame Cosseron ne nous dit pas si cette opération exige d'avoir un peintre à gage, comme un frotteur, pour recommencer l'opération toutes les semaines.

Un char triomphal attire les regards; j'en détourne les miens : *cui bono?*

On ne peut faire cette question en examinant les utiles inventions de M. *Daujon*, mécanicien, rue des Vieux-Augustins. Ce lit, qui permet à un malade de conserver la même attitude sans nuire au service que son état exige; toutes ces précautions habilement calculées pour lui épargner les secousses, les mouvemens douloureux; cet autre lit monté sur un ressort, au moyen duquel on peut transporter les malades à de grandes distances; ces brancards

(1) Voyez *Beckmann*, Transactions de la Société royale de Gottingue; *Repertory of arts*, 1791, etc.

doux, légers et peu dispendieux, propres au même usage; ces chaises longues, destinées aux mystères de Lucine, et cette échelle à incendie dont l'heureux secours a déjà été éprouvé, recommandent M. Daujon à l'estime de tous les amis de l'humanité : puisse l'auteur de ces inventions philanthropiques obtenir les encouragemens que méritent ses travaux!

Oui, M. Daujon, votre *lit mécanique au service des malades*, me semble plus noble cent fois, que le lit d'ivoire et de citronnier, où Lucullus reposait sa mollesse; que ces beaux *lits à la duchesse*, où les Pompadour et les Dubarry recevaient leurs visites du matin; j'ose même dire, que ces *lits de justice*, si brillans, si magnifiques, et où tant de choses injustes furent enregistrées; ces lits devant lesquels la magistrature agenouillée attendait l'ordre du monarque pour se relever et s'asseoir.

Il est vrai de dire que les Anglais connaissent depuis assez long-temps une machine semblable au lit mécanique de M. Daujon, et dont on peut trouver le modèle dans l'*Enclycopédie domestique*, imprimée à Londres en 1802. Il est également vrai que pendant long-temps un luxe frivole et des mœurs inhumaines dans leur légèreté, ont accompagné en France la domination de l'arbitraire, et que l'on songeait d'autant moins aux malades, que l'on songeait davantage à ses plaisirs et au soin de paraître à la cour.

CHAPITRE VI.

Fabriques de laines. — Seconde salle.

Dans la seconde salle commence l'exposition des produits de nos manufactures de laine.

Si quelque chose peut ajouter à l'amour des vrais Français pour leur patrie (nous avons vu un temps où ce mot de Français n'avait pas besoin d'épithète); si quelque chose peut donner une idée de la puissance industrielle de notre pays, de l'immensité de ses ressources, du génie de ses habitans, c'est, sans aucun doute, le spectacle que nous avons eu récemment sous les yeux.

Une révolution terrible, et sans exemple dans l'histoire des peuples, a bouleversé jusque dans ses fondemens un ordre de choses qui, depuis un siècle, ne se soutenait plus que par sa masse; une guerre de trente ans a moissonné dans leur fleur, et enseveli sous des lauriers, des générations entières; une seule nation, pendant ce laps de temps, s'est emparée violemment du commerce du monde, et nous a fermé, pendant dix ans, l'Océan qui nous entoure. Les peuples de l'Europe, impatiens d'un joug que leurs maîtres portaient en silence, se sont soulevés contre nous; la force, aidée des élémens et de la trahison, a rompu la digue de fer que la valeur française opposait à l'irruption européenne : la France s'est vue envahie; son territoire a été réduit; ses places ont été désarmées; les vainqueurs ne se sont pas contentés de se partager son trésor : il a fallu, pour assouvir leur avidité, doubler les impôts, recourir à des emprunts, enlever au riche son superflu, priver le pauvre du nécessaire, et, pour obtenir que nos dignes alliés repassassent le Rhin et la Manche, il a fallu leur faire un pont d'or, qu'ils ont emporté avec eux.

Trois ans se sont à peine écoulés depuis que les étrangers ont abandonné à leurs auxiliaires le soin d'achever la France : on veut savoir ce qui lui reste de vie, et l'ordonnance du 13 janvier 1819 annonce l'exposition publique des produits de l'industrie française : les plus confians n'espèrent y trouver que les débris d'un grand naufrage. Par un prodige dont la raison a peine à se rendre compte, toutes les richesses de l'industrie la plus active, tous les perfectionnemens des arts consacrés au commerce, toutes les preuves d'une incontestable supériorité dans tous les genres, sont étalés à leurs yeux : si les hommes monarchiques n'en tirent pas la conséquence qu'il n'y a rien à faire pour eux d'une nation comme celle-là, leur état est désespéré, et tout l'ellébore du monde n'y ferait rien.

On pourrait se souvenir que c'est à Louis XIV, c'est-à-dire à Colbert, que la France fut redevable du grand développement que prirent chez elle les fabriques de laine, si l'on ne se rappelait en même temps la fatale révocation de l'édit de Nantes, qui détruisit en un jour les succès de vingt ans. En 1669, on comptait dans le royaume quarante-quatre mille métiers en laine; en 1710, il n'en restait plus que dix-huit mille; l'Allemagne, l'Angleterre, et surtout la Belgique, s'étaient enrichies de nos pertes; c'est de cette époque que datent les progrès de ce genre d'industrie dans les Pays-Bas. Jusque-là, les Belges s'étaient bornés à la culture de leurs troupeaux; et telle était depuis long-temps pour eux cette source de richesses, qu'un de leurs princes, Philippe-le-Bon, avait institué l'ordre de la *Toison-d'Or*, pour en consacrer l'origine : ceux qui le portent aujourd'hui ne savent pas que c'est au commerce qu'ils le doivent, et probablement ne me sauront aucun gré de le leur apprendre.

Les progrès étonnans qu'a faits, depuis quelques années, cette maîtresse branche de l'industrie, sont dus à l'emploi des machines et au perfectionnement des laines par l'introduction des races mérinos. L'importation des chèvres du Thibet ne tardera pas à la porter au plus haut degré de perfection, et la France n'oubliera pas l'auteur de ce dernier bienfait. J'ai nommé M. Ternaux, et c'est par l'examen des produits de ses diverses fabriques que je terminerai le chapitre des lainages, après avoir jeté un coup d'œil sur les salles qui précèdent la sienne.

La plus grande partie des tissus de laine dont la seconde salle est décorée, proviennent des manufactures de Sedan, de Louviers et d'Elbeuf. On y voit cependant beaucoup de draps, de casimirs, de tricots, de londrins, de mahouts, de serges, de cadis et de flanelles fabriqués dans les départemens du Calvados, du Tarn, de l'Hérault, de l'Arriège, de l'Aveyron, des Hautes-Alpes, des Pyrénées-Orientales, d'Indre-et-Loire, de l'Aude, et du Pas-de-Calais.

Des échantillons distribués avec beaucoup d'ordre et de goût présentent d'abord la matière première, et donnent la facilité de comparer les laines diverses dont la France est aujourd'hui si riche.

La victoire, légalisée par les traités les plus saints, les plus authentiques, nous avait rendus possesseurs des chefs-d'œuvre des arts. Des vainqueurs moins scrupuleux nous en ont violemment dépouillés : mais, dans leur triomphe sans gloire, ils ne nous ont enlevé que de l'or et du marbre; ils n'ont point tari la fécondité de notre sol; ils n'ont point éteint le courage de nos vétérans, l'activité, le génie de nos artistes, l'industrie, le patriotisme de nos fabricans.

C'est en vain que les auxiliaires qu'ils ont laissés au milieu de nous, après avoir abreuvé de dégoût nos guerriers, cherchent aujourd'hui à flétrir le commerce et l'industrie, source d'une autre gloire; ils subiront encore le spectacle de ce paisible triomphe, et s'en vengeront à leur manière, en dénonçant à l'Europe notre séditieuse prospérité.

Quelques troupeaux de mérinos, voilà ce qui reste de leurs conquêtes aux triomphateurs de la Corogne, de Marengo, du Helder, d'Austerlitz, d'Iéna, de Friedland: mais ces faibles germes, l'industrie française les a fécondés; ils sont désormais impérissables.

Rassemblées dans les salles que je parcours, les dépouilles des toisons s'y montrent sous toutes les formes. Ces échantillons de laine d'agneau mérinos ont été envoyés par MM. *Guerineau* de Poitiers, et *Soubervie* de Léoguan (Gironde).

Ceux-ci proviennent du troupeau de pure race negrette, appartenant à M. *Sylvestre*, propriétaire à Auzouer-La-ferrière (département de Seine-et-Marne). Ceux-là sortent des bergeries de MM. *Morand* de Cabours (Calvados), *Leguay* de Tours, et *de La Fresnay* de Falaise.

Nos laines d'origine française n'ont point été négligées; et c'est aux soins que donnent à leurs troupeaux MM. *Busson, Morin, de La Merville,* habitans du département du Cher, que sont dus les beaux échantillons numérotés 17, 18 et 19.

Des échantillons de laine métis et de duvet de cachemire sont exposés par M. *Chauvelot* de Dijon.

Deux toisons entières ont été envoyées par M. *Maffrand,* propriétaire au Dorat (Haute-Vienne).

Dans son cours majestueux, le grand fleuve de la civilisation recouvre peu à peu, de ses ondes réparatrices, le terrain envahi par les gothiques préjugés du vieux temps.

L'ignorance n'est plus l'attribut indispensable de la noblesse : presque tous nos gentilshommes savent lire; il en est même quelques-uns qui écrivent, mais la plupart de ceux-là se trompent, quand ils croient ne pas déroger.

Parmi les échantillons de laine mérinos, on a remarqué ceux qui proviennent des troupeaux de M. *de Polignac*, et l'on a vu avec plaisir le nom de M. le *maréchal Beurnonville* inscrit sur le chef d'une pièce de très-beau drap de Louviers, fabriquée avec la laine de ses troupeaux.

On peut suivre dans cette salle la marche entière de la fabrication.

M. *Maurel* de Limbrusaac (Arriège) présente la laine en suint;

M. *Leguoy* de Tours l'offre lavée;

MM. Matthieu *Roman* et *Alafort* de Limoges la montrent peignée.

Parmi les fils plus ou moins déliés de MM. *Destouches-Roussel* de Turcoin, *d'Autremonte* de Villepreux, *Tirel* de Blon (Calvados), *Guel* de Lisieux, *Chardron* d'Autrecourt (Ardennes), et *Flandry* de Pamiers, j'ai remarqué les échantillons de la filature hydraulique de M. *Longrette* de Moutr (Indre-et-Loire), et surtout ceux de MM. *Bichard* et *Dobo*, rue de Charonne, à Paris.

M. Dobo est un mécanicien non moins désintéressé qu'habile; il a trouvé un procédé d'encliquetage, sans bruit, sans recul, applicable à l'horlogerie et à toutes sortes de mécaniques; il l'expose et l'explique à tous ceux qui se présentent, et ne demande d'autre prix de sa découverte que de la répandre.

Ce n'est point un des traits les moins honorables du caractère de l'artiste français, que ce désir généreux de faire participer les autres au bien qu'il découvre. Nos voisins cachent leurs procédés : nous étalons les nôtres; aussi tout le monde profite-t-il du bienfait, excepté le bienfaiteur; son nom même est le plus souvent ignoré, et je le comparerais volontiers (avec Bacon) à ces cadrans solaires placés sur la muraille extérieure d'un édifice, qui montrent l'heure à tout le monde, excepté au propriétaire enfermé dans le logis.

Après avoir successivement examiné les mahouts et londrins de MM. J. *Martin* fils de Clermont (Hérault), *Vermy* d'Aubenas (Ardèche), *Fages* de Carcassonne (Aude), remarquables, ces derniers surtout, par l'éclat de leur couleur;

Les draps magnifiques de MM. *Decretot, Trémeau, Gerdret, Marie Frigard,* et de madame veuve *Lemaître,* à Louviers;

Ceux de MM. *Duruflet,* Mathieu *Quesné,* Jacques *Grandin,* et Robert *Flavigny* à Elbeuf;

Ceux de MM. *Fabreguette, Foulques,* à Lodève (Hérault), de M. *Coudrin* à Cugand (Vendée), de M. *Bert* à Givet;

Après avoir passé en revue les échantillons de raz de Lusignan de M. *Severin* (Vienne);

Les coutils sur laine de M. *Guillemot,* à Nantes;

Les serges de M. *Simon Lachaume,* à Saint-Maxent (Deux-Sèvres);

Les rubans de satin de M. *Savie,* à Rouen;

Les velours d'Utrecht de M. *Roze Abraham;*

Et les flanelles de madame veuve *Henriot,* de MM. *Godard-Menesson* et *Robert Lucas* de Reims, qui m'ont paru préférables à celles d'Angleterre, non-seulement parce qu'elles sont françaises, mais parce qu'elles ont une souplesse, un moelleux, qui manquent à celles de nos voisins.

J'ai terminé mon voyage autour de cette salle par un

examen plus particulier des produits de la manufacture de M. *Poupart de Neuflize*, dont le zèle, l'activité et les efforts luttent, sinon avec supériorité, du moins sans désavantage, avec les fabriques en laine les plus avancées, dont il sera question dans le chapitre suivant.

M. Poupart de Neuflize, à la dernière exposition, a mérité et obtenu la grande médaille d'argent pour le perfectionnement de ses casimirs.

CHAPITRE VII.

Fabriques de laine. — Salles suivantes. — Manufactures Ternaux.

La riche tenture de cachemires dont est décorée la salle suivante, sort des fabriques de MM. *Lagorce*, rue des Fossés-Montmartre; *Hébert*, rue Saint-Denis, et *Loffet*, rue de l'Hôpital. Ces schals rayés, en losanges, à palmes dans le goût oriental, unissent la finesse du tissu à l'éclat et à la variété des couleurs. Ceux de MM. *Belanger*, *Dumas* et *Descombes* de Paris ont droit aux mêmes éloges.

J'ai vu avec beaucoup d'intérêt la laine de cachemire filée, soufrée, et la carte d'échantillons de M. *Hniderlang*, rue des Fossés-Montmartre.

Les cachemires de M. *Bauson* rivalisent avec tout ce que l'Europe et l'Asie offrent de plus beau dans ce genre.

Un des progrès les plus sensibles de l'industrie est celui qu'a fait la filature de la laine peignée à la *Mull-Jenny;* cette manière de filer était à peu près inconnue il y a cinq ans. Ce perfectionnement est dû en grande partie à M. *Richard-Lenoir* et à M. *d'Autremont*, propriétaire de la manufacture de Villepreux, dont j'ai déjà parlé. Les produits de cet établissement, exposés dans la salle n° 8, consistent en laine peignée, filée, dans les numéros de 40 à 75, et en tissus dits mérinos, teints de couleurs si éclatantes qu'ils ont tout le brillant de la bourre de soie : ces objets sont fabriqués avec la laine des plus beaux troupeaux de France.

La salle sous le n° 5, placée immédiatement derrière le frontispice de la colonnade, est presque entièrement occupée (à l'exception de plusieurs ouvrages précieux du célèbre Bréguet, dont il sera fait ailleurs une mention spéciale) par les produits variés des cinq manufactures de MM. Ternaux père et fils, C'est là que je me place pour embrasser d'un coup d'œil l'ensemble de nos richesses dans un genre d'industrie où se distinguent un si grand nombre de fabricans.

Au milieu de cette salle magnifique, sont déployés, avec beaucoup d'art, les draps et les casimirs des manufactures de MM. Ternaux à Louviers, à Sedan et à Elbeuf.

On y remarque principalement des draps de vigogne, de demi-vigogne, façon de vigogne, et des draps superfins de Louviers, à la beauté, à la solidité desquels les draps étrangers ne peuvent désormais atteindre.

Quelle variété de dessin et de couleurs dans ces courtes-pointes en laine mérinos et de Carménie ! dans ces tapis de pieds, où l'élégance se joint à l'économie ! Quelqu'un disait auprès de moi, que MM. Ternaux avaient pris un brevet d'invention pour ces divers objets, ainsi que pour la fabrication de substances filamenteuses employées à faire des étoffes sans le concours de la filature ni du feutrage.

En achetant la fabrique de feu Bonvallet qu'ils exploitent à Saint-Ouen, MM. Ternaux ont perfectionné sa découverte, qui consiste à appliquer sur le drap une impression en relief imitant la broderie. Cette branche d'industrie ne peut manquer de prendre une grande extension, si le goût des tentures pareilles à celles qui drapent le fond de cette salle se répand en France et en Europe comme il existe dans l'Orient.

C'est surtout dans les articles de leur manufacture de Reims, tels que flanelle, casimir, étoffes à gilet, schals de mérinos et de cachemire, que ces fabricans sont arrivés à un degré de perfection où ils ne connaissent plus en Europe qu'un très-petit nombre de rivaux. Les tissus de cachemire qu'ils ont exposés, et sur lesquels se portent tous les regards, égalent au moins, pour le fini du travail, et surpassent de beaucoup, pour la fraîcheur, l'élégance et la variété du dessin, les ouvrages du même genre dont l'Asie impose encore à l'Europe le tribut onéreux. Le prix des schals français est moins élevé que celui des tissus de cachemire; la préférence que le luxe pourrait encore donner à ces derniers ne serait donc plus qu'un sot engouement, contre lequel les amis de l'industrie nationale doivent appeler toute la sévérité des douanes.

Dans l'enfoncement de la croisée du milieu, on a suspendu la peau d'une chèvre de la vallée du Cachemire, morte au lazaret de Marseille; et afin de mettre le public à même de juger du mérite de cette importation, M. Ternaux, aux soins duquel l'industrie française en est redevable, a fait placer auprès de cette toison un peigne dont on peut se servir pour écarter le gros poil, sous lequel est caché le précieux duvet : on peut ensuite, en examinant une série d'échantillons disposés par ordre, se faire une idée de la progression d'un travail, qui donne pour derniers résultats ces tissus légers et moelleux, pour lesquels nos dames ont un goût naturel et fort innocent, quoi qu'en ait pu dire le grave magistrat qui les a frappées d'un si singulier anathème.

Deux de ces schals *adultères*, l'un à palmes en lilas, et l'autre à palmes façon des Indes, ont été faits sous les yeux des commissaires du gouvernement : le premier, avec le duvet pris sur des animaux vivans; le second, avec la toison des chèvres mortes au lazaret.

Un couvre-pied de cette même matière orne le fond de cette grande croisée. Le ministre de l'intérieur, m'a-t-on dit, en a commandé de semblables à M. Ternaux, de la part du roi, qui les destine à être donnés en présens.

Enfin, dans l'intervalle de la troisième croisée, j'ai remarqué deux mécaniques à tisser, dont je ne puis apprécier que la beauté du travail; les produits d'une racine employée dans l'Indoustan pour raviver, au dégraissage, la couleur des étoffes que ternit souvent le savon, qui la remplace en Europe; et des teintures rouges et bon teint, sans emploi de cochenille.

C'est dans ce chapitre *des étoffes de laine*, que je dois placer le *tricoteur français*, invention de MM. *Lambert* et *Demenou;* le plus beau produit de cette machine est un tapis de 15 pieds sur 18, tricoté d'une seule pièce; les dessins, appliqués par impression, et que l'on dit être très-solides, sont d'assez bon goût; mais les couleurs en sont un peu ternes. Le prix modique de 1 f. 50 c. le pied carré, met à la portée de la classe la moins opulente de la société, une espèce de luxe réservé jusqu'ici à la plus riche.

CHAPITRE VIII.

Fabriques de coton.

Toutes les sciences ont leurs axiomes. Ceux de la science du commerce me semblent parfaitement exposés dans une excellente *Adresse de la société de Philadelphie pour l'encouragement de l'industrie nationale*, dont les auteurs réfutent avec autant de raison que de talent cette maxime fondamentale du système d'Adam Smith, sur la *richesse des nations* :

« Si un pays étranger peut vous fournir un objet de commerce à meilleur marché que vous ne pouvez le fabriquer vous-mêmes, achetez-le de l'étranger, et ne le fabriquez pas. »

La réfutation de ce précepte destructeur de toute industrie, n'est que le développement des propositions suivantes :

1°. L'industrie est la base la plus solide de la force, du bonheur et de l'indépendance des nations, et, sous toutes les formes, elle réclame la protection des gouvernemens;

2°. Jamais, sans cette protection de l'industrie domestique, une nation ne peut atteindre le degré de prospérité dont elle est susceptible;

3°. Les nations, comme les individus, marchent à leur ruine, quand leurs dépenses excèdent leurs revenus;

4°. Il n'y a point, à cet égard, de maux politiques auxquels une sage législation ne puisse porter remède;

5°. Les intérêts de l'agriculture, des manufactures et du commerce sont liés si étroitement, qu'on ne peut blesser les uns sans nuire aux autres;

6°. Toute mesure administrative doit tendre à favoriser le développement de l'industrie nationale;

7°. L'industrie et le commerce traversent quelquefois des états soumis au despotisme; ils ne se fixent que dans les pays libres.

C'est pour avoir ignoré ces principes, ou par l'impossibilité de les mettre en pratique dans une monarchie fondée sur les absurdes priviléges de la noblesse, que la France, avec tous les élémens de prospérité qu'elle renferme, est restée pendant tant de siècles tributaire des nations commerciales de l'Europe, pour ces mêmes produits industriels, qu'elle étale aujourd'hui avec un si juste orgueil.

L'industrie qui s'exerce sur le coton, est celle où nos succès ont été en même temps les plus retardés et les plus rapides; un aperçu statistique de son état actuel suffira pour donner une idée de son importance, et du poids qu'elle met dans la balance de notre commerce.

Nos manufactures emploient annuellement environ 42 millions de livres pesant de coton, lesquelles évaluées en laine brute au prix commun de 1 fr. 50 c. la livre, font une somme de 63 millions.

Ces mêmes cotons, cardés, filés, employés pour mèches, couvertures de lit, bonneterie, tissus de toutes espèces pour habillement et meubles, mousselines et toiles peintes, donnent à la vente un produit d'environ 400 millions.

On peut évaluer que chaque livre de coton en laine, qui revient à 1 fr. 50 c., produit, après avoir été filée, tissée, blanchie ou teinte, pour les objets de la consommation la plus courante, de 8 à 10 fr. la livre pesant; en toile peinte, de 14 à 16 fr.; en mousselines unies, rayées, brochées, en coton à coudre et à broder, de 25 à 40 fr.

On ne peut estimer à moins de sept cent mille individus de tout sexe et de tout âge le nombre de ceux que cette seule industrie occupe, et parmi lesquels le tiers se compose de femmes ou d'enfans qui n'ont pas atteint leur seizième année : on commence même à les employer dès l'âge de 7 ou 8 ans.

Les capitaux qu'elle emploie en immeubles, mécaniques, mobilier, en approvisionnemens, en objets manufacturés de toute espèce, s'élèvent à un milliard.

Non-seulement les produits en coton de nos manufactures nationales suppléent à ceux que nous tirions jadis de l'Inde, du Levant, de la Saxe, de la Suisse et de l'Angleterre; mais après avoir alimenté la consommation intérieure, ils donnent un excédant déjà considérable, qui s'exporte à l'étranger.

Je crois rester au-dessous de la vérité en portant à 350 millions par an la valeur des bénéfices et de la main d'œuvre que cette industrie produit à la France; je ne parle ni de l'appui qu'elle prête à l'agriculture et aux autres branches de commerce, ni des ressources qu'elle offre au trésor public.

Il faut bien se garder de juger de l'importance de cette branche d'industrie par le nombre des fabricans qui ont exposé : ce nombre n'est dans aucun rapport avec la prodigieuse quantité de fabriques dont la France est couverte. Dans les départemens de la Seine-Inférieure, du Calvados, de l'Orne, il est peu de maisons de villageois qui ne renferment un métier; toutes les familles, femmes, enfans, vieillards, emploient à ce genre d'industrie tout le temps que ne réclament pas les travaux de la campagne. La population de ces contrées, comme celle des départemens du Nord, de l'Aisne, de la Somme, peut être comparée à une ruche d'abeilles, où chaque individu travaille sans relâche dans sa cellule, pour le bien de la communauté.

Ce n'est point dans les caprices de la mode, mais dans la nature même du coton, qu'il faut chercher la cause du prodigieux emploi qu'on en fait dans les quatre parties du monde. La facilité avec laquelle cette matière première se prête à la main-d'œuvre, sa souplesse, son extensibilité, sa solidité, l'avantage inappréciable d'être à l'abri des ravages de toute espèce d'insectes, l'économie qu'elle présente au consommateur, en ont étendu l'usage aux besoins de tous les peuples; la filature à la mécanique; et l'invention des machines propres à régulariser le tissage et à perfectionner le blanchiment, ont eu pour résultat d'assurer à l'industrie européenne cette supériorité que l'Inde a conservée si long-temps, et dont l'Angleterre, toujours habile à profiter, par l'application, des découvertes des autres peuples, s'est réservé pendant plusieurs années tous les avantages.

C'est à Louviers et à Amiens que furent tentés, en France, les premiers essais de filatures à la mécanique : MM. *Bauwens*, en 1793, obtinrent du comité de salut public les encouragemens et les moyens de faire venir d'Angleterre les modèles de *Jenny-Mull* et de *Continues*, qui sont aujourd'hui déposés au Conservatoire des arts et métiers, et d'après lesquels MM. *Perrier* (des Eaux) firent construire plusieurs machines semblables.

MM. *Richard-Lenoir*, du Faubourg Saint-Antoine, furent sans contredit ceux qui contribuèrent le plus efficacement à propager et à constater les avantages de ce genre de filature, qu'ils établirent dans les douze fabriques qu'ils avaient fondées sur plusieurs points de la France.

MM. *Oberkampf*, de Jouy, *Kœchlin*, de Mulhausen, *Gros-Davillier-Roman* et *Odier*, etc., de Wesserling, se partagent l'honneur d'avoir introduit, inventé, ou perfectionné, les machines à l'emploi desquelles l'industrie *cotonnière* est redevable des immenses progrès qu'elle a faits. En examinant séparément les produits de leurs fabriques, j'aurai occasion de faire connaître plus spécialement la part que chacun peut réclamer dans ces progrès.

Les cotons filés et les simples tissus écrus ou blanchis ne paraissent pas avec un grand éclat dans une exposition, dont ils sont néanmoins une des parties les plus importantes, puisqu'ils achèvent de prouver qu'en tout genre les tissus de coton français égalent en finesse et surpassent en qualité les produits des manufactures étrangères.

La filature de MM. *Davillier-Lombard*, à Gisors, tient un des premiers rangs parmi les établissemens de ce genre; elle fournit au commerce et au tissage des fils d'une qualité supérieure, depuis le n° 15 jusqu'au n° 200. On sait qu'au-dessus de ce degré de finesse (130,000 aunes à la livre), le fil de coton n'est plus qu'un objet de curiosité ou de fantaisie, sans une grande importance dans la consommation générale.

Le même établissement renferme une blanchisserie qui se distingue par la pureté du blanc et la perfection des apprêts.

MM. *Davillier-Lombard* ont exposé, comme modèles du point de perfection où ils ont poussé le blanchiment, des tissus de très-belle qualité des manufactures de M. *Dulud*, de Carlepont (Oise); de M. *Chambert-Bourdillon*, rue du Faubourg du Temple, à Paris; de M. *Cellarier*, rue des Ursulines-Saint-Jacques, et des linges de table de M. *Marcotte-Genlis*, de Paris.

Parmi les cotons filés, j'ai distingué plus particulièrement ceux de MM. *Doyen*, de Paris; *Dolfus-Mieg*, de Mulhausen; *Gros-Davillier-Roman* et comp^{e}., de Wesserling (pour les n^{os} de 130 à 150), et *Lambert*, de Lille.

M. *Dulud*, de Carlepont, a présenté à l'exposition huit pièces, en écru, des différens tissus de coton qu'il fabrique. Ses percales, ses calicots, ses *madepolams* (toiles pour chemises), égaux à tout ce qui sort de plus parfait des manufactures de Manchester, ont, sur les tissus anglais, l'avantage incontestable d'une plus longue durée.

MM. *Lehoult*, de Saint-Quentin, ont exposé des tissus unis d'une beauté parfaite, et des mousselines brochées d'un grand goût et d'une parfaite exécution.

En ajoutant à son ancienne et brillante réputation, la maison *Arpin et fils* de Saint-Quentin a fait plus qu'on n'en devait attendre : je dois rappeler ici, que le chef de cet établissement a fait fabriquer en France les premières mousselines, et que l'industrie des cotons, dans l'ancienne Picardie, lui doit sa création et ses développemens. MM. Arpin obtinrent une médaille d'or en 1806, pour des produits qu'ils ont encore perfectionnés.

Sous le même nom, MM. Fédéric *Arpin*, de la même ville, ont enrichi cette exposition des produits variés de leur fabrique, depuis le plus simple calicot pour l'impression, jusqu'à la percale la plus fine. Il semble qu'on ne puisse rien ajouter, pour la qualité, le goût et la solidité, aux basins, aux piqués et aux étoffes de fantaisie qui sortent de leur manufacture, ainsi qu'à ceux de M. Ferdinand *Ladrière*, du Cateau. Rien ne surpasse la beauté de ses percales : ce dernier fabricant occupe 3000 ouvriers.

M. *Pelletier*, de Saint-Quentin, se distingue par des tissus brochés sur mousseline, d'une riche et belle exécution. Son linge de table, à l'instar de celui de Silésie, est une branche d'industrie nouvelle, où il a déjà sur l'étranger l'avantage d'un meilleur goût de dessins et d'une plus grande variété dans le choix de ses sujets. MM. *Richard Lenoir*, qu'il faut toujours citer quand on parle de cette industrie, a été un des premiers à fabriquer du linge de table en coton.

On remarque, dans la même salle, une pièce de batiste dont la blancheur éclatante est due aux procédés chimiques de M. *Pluchard Brabant* de Saint-Quentin. Ce fabricant, qui a rendu de très-grands services au commerce, ne partage qu'avec un très-petit nombre de ses confrères la supériorité qu'il s'est acquise dans l'art du blanchiment : je ne dois cependant pas oublier de faire mention de M. *Dufour de Nesle*, de Saint-Quentin, qui mérite à cet égard la même distinction.

On cite M. *Vandermersch*, de Royaumont, pour la beauté des basins; M. *Anquetil*, de Paris, pour les piqués; M. *Desjardins-Renoult*, à Seez, pour les percales; M. *de Surmont*, à Melun, pour les calicots forts; et M. *Chatoney-Leutner*, de Tarare, pour des mousselines unies et brodées qui ne redoutent aucune concurrence étrangère.

Les percales et mousselines unies de MM. *Chambert-Bourdillon* se recommandent par l'extrême régularité du tissu : j'en ai remarqué deux pièces, qui peuvent passer pour des chefs-d'œuvre de ce genre d'industrie. Les mêmes fabricans ont exposé des cotons à coudre, de leur filature, du n° 60 au n° 210, qu'ils annoncent comme résultant de procédés qui leur sont particuliers.

Beaucoup d'autres fabricans mériteraient sans doute d'être cités, par la beauté des étoffes de coton qu'ils ont exposées; mais l'espace où je suis restreint ne me permet de parler que de ceux dont les produits se distinguent plus particulièrement.

N'oublions cependant pas de faire mention de M. *Matagrin* aîné, dont la manufacture de mousseline à Tarare est une des plus anciennes de France. Ce fabricant, si l'on en juge par les échantillons de mousselines claires, unies, qu'il a mis au Louvre sous les yeux du public, a beaucoup perfectionné une industrie qui lui avait déjà mérité une médaille d'or, à l'exposition de 1806. Il n'est pas permis d'ignorer que c'est par son zèle, par ses efforts et par de longs voyages, qu'il est parvenu à nationaliser en France une branche d'industrie, dont l'étranger nous imposait depuis long-temps le joug onéreux, et qu'il a poussée à un très-haut degré de perfection.

L'un des objets les plus remarquables de l'exposition, est, sans aucun doute, une pièce de mousseline claire, comparable aux plus belles mousselines de l'Inde, et sortie de la fabrique de M. *Chatoney-Leutner*.

Au nombre des fabricans d'étoffes de coton dont les produits méritent une mention particulière, je dois placer M. *Beaufrère*, de Melun. Ses tissus en calicots, perkales, et linge de table, rivalisent avec tout ce qu'on a fait de plus beau.

CHAPITRE IX.

Toiles peintes. — MM. Kœchlin, de Mulhouse; Oberkampf, de Jouy; Gros-Davillier-Roman et compagnie, de Wesserling, et autres. — Mouchoirs peints.

On a tant fait de biographies des hommes célèbres; n'en pourrait-on pas faire une des hommes utiles? Ne lirait-on pas avec autant d'intérêt des notices sur la vie des citoyens qui ont enrichi leur pays, qui ont augmenté les jouissances en le fécondant par leur industrie, que ces recueils où figurent, par ordre alphabétique, tant de noms qu'il faudrait oublier, et tant d'autres dont la célébrité malheureuse a coûté si cher à leurs contemporains?

Parmi beaucoup de noms que j'ai déjà cités, et dont plusieurs trouveraient place dans ce nobiliaire commercial, celui de M. *Kœchlin*, de Mulhouse, se trouverait un des premiers inscrits.

Samuel Kœchlin, aïeul des dix frères ou beaux-frères associés, dont se compose aujourd'hui cette maison de commerce, fonda à Mulhouse la première fabrique de toiles de coton peintes, dont il fit venir les ouvriers de Hambourg; ce fut sous sa direction, que feu M. *Obercampf*, qui occupe un nom si honorable dans les annales de l'industrie française, puisa les principes d'un art qu'il introduisit en France (1).

En 1802, à la faveur du mouvement imprimé à cette

(1) Mulhouse ne fut réunie à la France qu'en 1798.

époque à tous les genres d'industrie, les petits-fils du précédent recréèrent leur établissement de famille, où ils importèrent les perfectionnemens et les mécaniques propres à ajouter aux progrès que l'art avait déjà faits en France par les soins de MM. *Oberkampf*, de Jouy, et *Gros-Davillier-Roman* et compagnie, de Wesserling. Ces mécaniques sont aujourd'hui communes à presque toutes les grandes manufactures, à l'exception de la *machine à poser* (1) et des métiers à tisser (mis en mouvement par un seul moteur), qui, je crois, ne sont encore employés que dans cette fabrique.

Les établissemens industriels de MM. *Kœchlin* emploient de trois à quatre mille ouvriers, et se composent d'une manufacture de toiles peintes et d'une filature de coton à Mulhouse; d'une autre filature à Massevaux, où sont établis les métiers qui fournissent les toiles destinées à l'impression.

Depuis son établissement, cette maison n'a été étrangère à aucune des améliorations, à aucune des créations, qui ont amené les progrès extraordinaires de ce genre d'industrie. On doit à l'un de ses associés une découverte qui fait époque dans l'art des impressions sur toile; en 1810, M. Daniel Kœchlin a trouvé le moyen d'appliquer sur toile de coton le *rouge d'Andrinople*, que l'on n'avait pu, jusque-là, fixer que sur le coton en fil : on lui doit aussi le secret de l'*enlevage*, c'est-à-dire d'imprimer sur les toiles rouges, à l'aide de procédés chimiques, les couleurs qu'on nomme d'*enluminage*, et de composer ainsi les dessins les plus riches et les plus variés.

L'impression sur les toiles est d'une invention toute moderne, et n'a fait que des progrès assez lents. En 1769,

(1) Mécanique pour préparer la chaine.

un nommé Stoucrad fit annoncer qu'il avait découvert le secret de peindre des camayeux sur toiles, et de les orner de fleurs d'or ou d'argent.

Les Suisses et les Anglais perfectionnèrent ensuite cette industrie, depuis si long-temps connue et pratiquée aux Indes. Peu à peu on trouva le secret de trancher, de nuancer les couleurs; tantôt *imprimées*, tantôt *pinceautées*, tantôt appliquées sur des gravures en bois, tantôt sur des tailles-douces, elles parvinrent insensiblement à un certain degré d'élégance et de solidité; et une source nouvelle de richesses et de jouissances s'ouvrit pour la France. La jeune femme ne dédaigna plus de se vêtir avec cette même toile qui avait couvert les fauteuils de sa grand'-mère, et tapissé les galeries de ses aïeux : enfin, MM. Kœchlin, Oberkampf et plusieurs autres ont appliqué à cette branche de manufacture leur industrie féconde et leur opulence bienfaisante.

Ce n'est pas seulement comme fabricans, c'est aussi comme citoyens que MM. Kœchlin ont un droit particulier à l'estime des Français. Occupés exclusivement de leur industrie, aucun des membres de cette nombreuse famille ne s'était voué au métier des armes; mais au moment où le territoire français fut menacé par les armées étrangères, on les a vus, ne consultant que leur patriotisme, au risque presque certain de compromettre la sûreté de leurs établissemens, accourir dans les rangs de notre armée, offrir leurs bras et leur fortune pour la défense de la patrie, et ce n'est qu'après que la France a été rendue à la paix, et que nos guerriers ont eu déposé leurs armes, qu'ils sont rentrés dans leurs foyers, pour y reprendre paisiblement le cours de leurs travaux industriels (1).

(1) A une époque où il est si rare que l'éloge ou le blâme

L'importance de cette fabrique, la beauté, la variété de ses produits, méritaient peut-être que MM. les directeurs de l'exposition leur accordassent une place un peu moins exiguë; mais

Tableau bien fait n'a besoin de bordure;

et l'on n'en remarque pas moins dans un petit coin de la salle, où l'on semble avoir pris soin de les cacher, les schals imprimés façon de cachemire, de la manufacture de MM. *Kœchlin;* l'imitation du dessin en est si parfaite, l'impression si riche de couleurs et de nuances, que l'œil le plus exercé les confond avec les tissus de l'Inde; ce qui contribue encore à rendre l'illusion plus complète, c'est l'espèce de tissu croisé fabriqué exprès pour ce genre de schals, et l'application du rouge d'Andrinople, employé de la manière la plus heureuse.

Toute l'Europe connaît les produits de la manufacture de Jouy; et le nom de son fondateur, M. *Oberkampf*, est un de ceux qui se recommandent à plus de titres à l'estime et à la reconnaissance nationale. Également distingué par la noblesse de son caractère, par la bonté de son âme, par la justesse de son esprit et le succès de ses entreprises, sa mémoire restera en vénération dans la patrie qu'il avait adoptée, et à laquelle il a ouvert une nouvelle source de richesses.

M. *Oberkampf* fonda au village de Jouy, en 1759, la première manufacture de toiles peintes que la France ait possédée, et la seule en Europe qui se soit constamment

---

ne tienne à quelque considération de haine ou d'affection personnelle, il n'est pas inutile d'ajouter, que je n'ai eu de ma vie aucune espèce de relation avec les personnes dont je viens de parler.

interdit à l'impression toutes autres couleurs que celles que l'on désigne sous le nom de *bon teint*.

On peut suivre, dans cette fabrique, tous les degrés de perfectionnement, par lesquels l'art de l'impression sur toile a passé, dans l'espace d'un demi-siècle, depuis le *pinceautage* jusqu'au procédé du *rouleau*, que M. *Oberkampf* employa le premier en France.

Cet établissement, dont son fils soutient honorablement la réputation, occupe 800 ouvriers (1), et fournit à la consommation intérieure environ 40 mille pièces d'indiennes par an.

Les principaux objets de la manufacture de Jouy, qui se font remarquer à l'exposition, sont des toiles peintes pour meubles, à l'imitation de la soierie; des indiennes coupées pour robes avec leurs garnitures, et du linge de table, dont on a orné presque toutes celles du Louvre où sont exposés les services de cristaux et d'argenterie. Je n'ai pas besoin d'ajouter que ces produits, dont le premier (les toiles d'ameublement) est une création nouvelle, ne laissent rien à désirer pour le fini de l'exécution.

Les consommateurs sont, en tout pays, les meilleurs juges des produits de l'industrie à leur usage : ce sont eux qui ont fait la réputation et qui soutiennent la vogue prodigieuse des toiles peintes de la manufacture de MM. *Gros-Davillier-Roman* et compagnie de Wesserling, la seule en France qui réunisse, dans le même lieu et sous la même direction, la filature, le tissage, le blanchiment et l'impression. La supériorité de ses produits, reconnue sur tous les marchés de l'Europe et des colonies, se fonde

---

(1) Non compris ceux qu'il emploie à sa fabrique et à sa filature d'Essonne.

sur la beauté des couleurs, le goût des dessins, et en même temps sur la finesse et l'excellente qualité des tissus.

Cette perfection est due à la réunion des artistes les plus distingués, à l'intelligence et à la persévérante activité des chefs qui dirigent ce précieux établissement, où plus de 5,000 ouvriers de tout âge et de tout sexe sont continuellement employés.

Parmi les produits exposés de la manufacture de *Wesserling*, dans la salle n° 26, on remarque, principalement des toiles pour meubles, fond uni rouge d'Andrinople, du plus grand éclat; d'autres fond amarante, mordoré, orangé, bouton d'or. Des toiles peintes en tout genre, mais particulièrement celles en rouge et en violet, à fonds blancs, qui se distinguent par la pureté du blanc, la beauté des couleurs, et l'extrême délicatesse de la gravure; des robes à volans, des mouchoirs-schals d'un dessin très-riche et d'une exécution parfaite, des tissus écrus ou blanchis, et des cotons filés, jusqu'au n° 150, complètent la riche exposition des produits de Wesserling.

Pour achever de faire connaître nos richesses manufacturières dans le département du Haut-Rhin, où l'on ne compte pas moins de quarante fabriques de toiles peintes, dont la plupart auraient droit à une mention particulière; je ne puis passer sous silence les produits renommés de la manufacture de MM. *Hofer*, de Mulhouse; cette maison rivalise avec celles que j'ai déjà citées, pour les impressions en rouge d'Andrinople; et ses schals fond orange et fond carmelite (genre d'impression appelé *lapis*) lui assignent un des premiers rangs dans ce genre d'industrie (1).

C'est, je crois, de la manufacture de M. *Hofer* que sont

---

(1) Elle a son dépôt Paris, rue de Richelieu, n° 95.

sortis les premiers *foulards*, où se trouvent reproduits en forme de tableaux les traits les plus honorables de la vie de nos guerriers.

On a lu dans ces derniers temps plus d'une déclamation misérable, et quelques violentes satires de feuilletons, dirigées contre cette mode récente, qui tend à mettre dans nos poches toutes les beautés de notre histoire; cependant cette nouveauté est déjà vieille, et c'était un usage assez commun vers le commencement du XVIIIe siècle, que de porter empreinte sur la pièce de linge destinée aux expectorations, la figure de quelque personnage remarquable. Je ne citerai à ce sujet qu'une anecdocte assez plaisante. Pugnani, le célèbre violon, était possesseur d'un nez, tel que Lavater n'en a, sans doute, jamais vu, et tel que la nature n'en reproduira vraisemblablement pas un, avant plusieurs siècles. Dans sa longueur, il était presque égal au reste de la face mis ensemble : dans sa proéminence, il dépassait de beaucoup tout ce que les nez aquilins ont ordinairement de plus saillant. Un potier de Milan, auquel l'artiste devait une somme assez forte, s'avisa, pour mettre à la mode ses vases de toute espèce, et pour se venger de son débiteur, de faire peindre au fond de ses poteries (destinées à un usage sur lequel l'histoire se tait) la figure en question, ornée de son nez magnifique. Pugnani porta plainte au gouverneur autrichien de la ville. Cité devant cette autorité militaire, le potier se contenta, suivant la tradition, de déployer devant son juge un vaste mouchoir sur lequel était imprimé le portrait de l'empereur d'Autriche, en disant : « Si S. M. impériale est dans mon mouchoir, et n'y trouve point à redire, M. Pugnani peut bien se trouver dans mes vases, sans se fâcher contre moi. »

Je dois citer avec éloge MM. *Haussmann* frères, de

Colmar, qui ont appliqué la lithographie à l'impression: MM. *Hartmann* de Munster, MM. *Schlumberger*, MM. *Dolfus-Mieg*, MM. *Blech-Fries* de Mulhouse, MM. *Bovet-Robert* de Thann, et MM. *Zurcher* de Cernay, qui ont une part si honorable à la réputation industrielle que s'est acquise cette riche et patriotique Alsace, à laquelle aucun genre de gloire n'est étranger.

CHAPITRE X.

Indifférence pour les inventeurs. — Typographie. — Progrès de cet art. — Famille Didot. — Machines polyamatypes et à fabriquer le papier continu.

Par une inconséquence dont j'ai parlé plus haut et dont je ne me charge pas de rendre compte, le pays des inventions est celui où l'on fait le moins de cas des inventeurs : je ne sais pas si l'on citerait en France trois exemples d'auteurs de découvertes qui aient obtenu dans leur pays la récompense de leurs travaux. On a poussé plus loin l'ingratitude, en les désignant au ridicule par des dénominations outrageantes : *« C'est un homme à projet, c'est un faiseur »*, signifie, en d'autres mots, dans le langage de la société, c'est un pauvre diable qui se tue à semer un champ où d'autres feront la moisson. Encore s'il travaillait pour ses compatriotes ! Mais leur sot dédain le poursuit jusque dans ses succès, et presque toujours c'est de l'étranger que nous rachetons, vingt ou trente ans après, une découverte précieuse dont nous avons laissé mourir l'inventeur à l'hôpital : c'est ainsi que l'éclairage par le gaz hidrogène, la premiere idée de la pompe à feu, la machine à poulies, l'enseignement mutuel, l'art de fabriquer le *papier continu*, la mécanique propre à fondre des caractères d'imprimerie, et tant d'autres inventions, après avoir été trouvées en France, nous sont revenues ou nous reviennent de l'Angleterre, qui nous fait chèrement payer la réimportation.

Les deux dernières découvertes, dont je viens de parler, appartiennent à un membre de cette famille *Didot*, si justement et si anciennement célèbre dans l'art de la typographie.

Le berceau de cet art, malgré les recherches et les dissertations des savans, est encore enveloppé de nuages; on n'a que des documens incertains sur les premiers pas d'une découverte qui devait changer la face du monde moral. Mais une chose dont on ne peut douter, c'est que l'imprimerie passa long-temps pour un sortilége, et que ses inventeurs furent persécutés comme sorciers. Dans un acte passé par Guttemberg, à Strasbourg, on lit ces paroles, *Guttembergus de Moguntiâ, possidens mirabilia et prodigialia naturæ arcana* : Guttemberg de Mayence, possédant de merveilleux et prodigieux secrets. Les effets de cette découverte opérèrent, il est vrai, des prodiges, et jamais hommes ne méritèrent mieux que Guttemberg et ses successeurs, de passer pour des génies surnaturels.

Les noms de ce *Guttemberg*, appelé aussi *Geinsfleich*, de *Jean Faust*, de *Laurent Coster*, d'*Ulrich Gering*, *Schœffer*, *Amerbach*; des *Étiennes*, des *Manuces*, des *Juntes*, des *Morels*, des *Wechels*, des *Jean Froben*, des *Didot*, des *Bodoni*, ont acquis une immortalité, que la philosophie consacre, et qui a pour base l'utilité des hommes.

Une simple gravure fut le germe de l'imprimerie. Les Chinois la pratiquaient il y a trois mille ans, et la pratiquent encore aujourd'hui dans cet état d'imperfection.

Dès que les caractères furent rendus mobiles, gravés en relief et jetés en fonte, l'invention de l'imprimerie se trouva consommée. Les premiers caractères hébreux, grecs et latins furent fondus par François Ier; les premiers caractères arabes et orientaux par l'imprimerie du Vatican. De nouvelles découvertes semblent avoir porté cet art au point de perfection où il pouvait atteindre.

Les éditions Didot, connues de l'Europe entière, font partie de notre gloire nationale. Je ne parlerai ici que de ceux des produits de cette industrie qui ont orné l'exposition que je continue à décrire.

MM. Pierre, Firmin et Henri Didot, ont constaté à cette exposition ce qui n'était cependant plus l'objet d'un doute, la supériorité de leurs impressions, et la beauté de leurs caractères, résultant de la perfection de leurs machines *polyamatypes*. Les Œuvres de Boileau, celles de Racine, et la Henriade, exposées par M. Pierre Didot, sont des chefs-d'œuvre au-dessus desquels il est douteux que l'art typographique puisse s'élever.

M. *Didot Saint-Léger* vient d'en agrandir le domaine; sa machine à fabriquer le papier continu, et à fondre les caractères, sont dignes de la plus haute attention. L'une était déjà connue par ses résultats en Angleterre; le modèle de la seconde est exposé au Louvre.

Cet habile artiste a employé vingt années de sa vie, et toute sa fortume, au perfectionnement de ces deux machines : au moyen de la première, des papiers de toutes dimensions et de toutes qualités, dont il a exposé les échantillons, sont fabriqués sans ouvriers; d'une longueur indéfinie, à la vitesse de 60 à 200 pieds carrés par minute; et ils peuvent, à qualité supérieure, se vendre beaucoup meilleur marché que les autres. L'expérience étrangère a déjà prouvé tous ces avantages.

La machine à fondre les caractères, dont j'ai longtemps examiné le modèle, est supposée fabriquer, également sans ouvriers, des lettres dont l'œil est aussi pur qu'on puisse l'obtenir par le poinçon, et avec une très-grande économie.

Parmi les tableaux de caractères et vignettes qui figurent à l'exposition, je ne puis oublier de citer ceux de M. *Léger*, graveur et fondeur. Quoiqu'il n'y ait qu'un petit nombre de ces tableaux, l'œil exercé y découvre beaucoup de netteté et d'élégance dans la taille de ses poiçons, particulièrement dans son tableau de lettres ornées. Déjà M. Léger a vu ses efforts couronnés par l'accueil flatteur dont le roi a bien voulu honorer ses travaux. M. Léger s'occupe aussi de la perfection de la fonte des caractères, d'après les résultats d'une mécanique exécutée dans ses ateliers, et inventée par M. Didot Saint-Léger, ce qui le mettra à même de pouvoir fournir des caractères à des prix au-dessous du cours.

CHAPITRE XI.

Iconographie. — Découverte de M. Redouté.

Ce n'est point en sa qualité du plus grand peintre de fleurs connu en Europe, que M. *Redouté* expose au concours des produits de l'industrie nationale, quelques-uns de ses admirables ouvrages iconographiques; son but est de prendre acte, comme artiste et comme Français, de l'invention qui lui appartient, de l'art d'imprimer en couleur par le moyen d'une seule planche. La priorité de cette découverte, dont la piraterie étrangère cherche à s'emparer, lui est acquise d'une manière incontestable.

Son iconographie des plantes grasses, imprimée d'après son procédé, date de 1796. A peu près à la même époque, Jamiret et Duruisseau tentèrent un autre moyen : celui-ci fut abandonné presque aussitôt, pour la manière de M. Redouté, qui fut dès lors exclusivement adoptée.

Le genre de gravure en couleur était long-temps resté dans une triste imperfection. Plusieurs planches successivement appliquées, des appareils difficiles et dispendieux, des combinaisons de couleurs souvent fausses, avaient discrédité ce genre, où les Allemands et les Suisses étaient cependant parvenus à réussir jusqu'à un certain point; la découverte de M. Redouté vient aplanir tous les obstacles.

Comme tous les hommes d'un talent supérieur, ce célèbre iconographe joint à l'amour des arts ce patriotisme zélé qui ne néglige aucun effort, qui n'épargne aucun sacrifice pour obtenir des succès, dont la récompense la plus précieuse est pour lui, dans l'estime de ses concitoyens et dans la gloire qui doit en rejaillir sur sa patrie.

En admirant les ouvrages de M. *Redouté*, il est permis de croire que tous les arts ont leurs limites, et que, dans celui qu'il cultive, la perfection ne peut aller au-delà de ses *liliacées* et de ses *roses;* cette dernière collection, qui l'emporte sur l'autre par le charme des couleurs, suffirait pour assurer à notre école iconographique la supériorité que ses autres ouvrages lui ont acquise.

Il est juste d'associer à la gloire du peintre, celle des graveurs qui l'ont si habilement secondé, et de confirmer les éloges qu'il donne à M. *Raimond*, imprimeur en taille-douce; à madame *Dessin*, la première coloriste pour la retouche, ainsi qu'à MM. *Langlois*, *Charlin* et *Dessin*, dont le burin, tout à la fois ferme et moelleux, est parvenu à dissimuler le travail du graveur.

CHAPITRE XII.

Du verre, chez les anciens et les modernes. — Instrumens d'optique et de marine. — Miroirs. — Carreaux-mosaïques. — Diamans faux.

Il n'y a peut-être pas de produit de l'industrie humaine, plus étonnant que le verre : transparent, il laisse apercevoir les objets extérieurs, et nous offre un abri sans nous priver de la lumière; poli, susceptible de recevoir mille formes diverses, il peut réfléchir, peindre, multiplier, dénaturer même tout ce qui se présente devant lui. On le taille, on le coupe, on l[illegible]erce, on le souffle, on le polit, on le dépolit, on le cou[illegible] on l'étame, on le grave, on le peint; il sert à tous les usages de la vie, il se prête à toutes les métarmorphoses. Façonné en tubes, en ballons, en cuvettes, en globules, en fils déliés, en larmes, en masses, en surfaces plates, convexes, concaves, paraboliques, il conserve les liqueurs sans leur communiquer sa substance, donne passage à la chaleur et à la lumière, recèle la plus douce et la plus pénétrante harmonie, reste impénétrable à tous les fluides, résiste aux acides les plus violens, nous aide à lire dans les cieux, imite les plus précieux diamans, et met en fusion les métaux présentés à l'action de son foyer.

On me pardonnera peut-être ce long panégyrique du verre; j'ai pour moi un exemple célèbre et sacré. L'histoire rapporte que saint Pierre, se trouvant dans le temple de l'île d'Aradus, où le vulgaire admirait de magniques statues de Phidias, les regarda d'un œil indifférent, et donna toute son attention à de grosses colonnes de verre, qui soutenaient le fronton de l'édifice.

Le verre, chez les anciens était, un objet de luxe et d'agrément : chargé de peintures variées, il ornait les théâtres; noirci et poli, il servait à relever la blancheur du marbre de Paros, dans lequel on l'incrustait (1); façonné en vases, il commença, sous Néron, à être d'un usage plus commun, bien qu'il fût encore réservé aux riches et aux prodigues. Les Romains jouaient avec des balles de verre et avec des échecs de verres (2). Les sphères des astronomes opulens (3), et les urnes lacrymales des riches, étaient de verre. Les modernes ont fait servir le verre à d'autres usages; chez eux il a remédié à la faiblesse de la vue, abaissé les cieux et les astres, secondé l'astronomie, l'optique, la peinture et la navigation.

Parlons d'abord des instrumens d'optique et de marine que j'ai remarqués à l'exposition dernière. C'est surtout aux artistes qui cherchent ou qui sont parvenus à nous soustraire au joug d'une industrie étrangère, que s'adressent mes éloges: à ce titre, MM. *Le Rebours et Jecker* ont droit d'y réclamer leur part : jusqu'à ces derniers temps, les Anglais sont restés en possession de fournir à la France, et au reste de l'Europe, tous les instrumens d'optique et de marine dans la construction desquels entrait l'espèce de verre que l'on nomme *flint-glass*. Dans la persuasion où l'on était que sa composition était le résultat d'un se

(1) *Voyez* Pline le naturaliste.

(2) *V.* Gruter.

(3) *V.* Claudien.

cret particulier, on a perdu beaucoup de temps et de soins pour le découvrir; on sait aujourd'hui, par d'heureuses expériences, que le *flint-glass* n'est qu'un accident de fourneau, si j'ose m'exprimer ainsi; c'est-à-dire qu'il se rencontre par hasard dans la matière vitrifiée, et que l'art du verrier consiste seulement à le reconnaître quand il s'y trouve. Affranchi de ce premier tribut par les verreries nationales, et particulièrement par celles de M. *Dartig*, de Vénèches (Ardennes) et du Mont-Cénis, M. Le Rebours n'a pas craint d'entrer en lice avec les plus habiles opticiens anglais; et dès ce moment il peut se vanter de marcher leur égal. Entr'autres instrumens qu'il a exposés au Louvre, on remarque une lunette achromatique de 18 pieds de long, dont l'objectif a 7 pouces 4 lignes de diamètre; un miroir ardent, propre à fondre les métaux, de 5 pieds de diamètre; deux télescopes de 3 pieds de longueur, et une chambre noire d'un effet très-remarquable. Je ne dis rien d'une fort jolie petite machine destinée à faire l'office des sang-sucs; c'est un service rendu à la pudeur, dont le beau sexe se montrera sans doute très-reconnaissant.

Les instrumens de marine et de mathématiques de M. *Jecker*, m'ont paru portés à un très-haut degré de perfection.

M. *Lefebvre*, miroitier, a exposé une glace pour démontrer l'application d'un procédé nouveau, qui consiste à fixer l'étamage au moyen d'un vernis.

Les carreaux-mosaïques dont M. *Duhamel* est l'inventeur réunissent, à ce qu'il assure, la solidité à l'agrément.

Les carreaux-mosaïques revivent après une disparition de vingt siècles. Le dernier et le plus beau morceau de ce genre que l'ancien monde ait admiré, est celui dont Marcus Scaurus, gendre de Sylla, orna le second étage du théâtre, qu'il bâtit pendant son édilité (1). Trois cent soixante colonnes le soutenaient, et une vaste mosaïque de verre régnait à l'entour.

L'Allemagne, Venise et l'Angleterre furent long-temps en possession du commerce et de la fabrication des diamans faux; M. *Duhaut-Vieland* vient de naturaliser chez nous cette branche d'industrie : le faux *Régent*, qu'il a exposé parmi beaucoup d'autres pierres, a peut-être plus de pureté, plus d'éclat que le véritable; l'un vaut 10 millions, et l'autre quatre louis.

CHAPITRE XIII.

Vinaigre de bois.

Ceux qui s'étonnent que l'on fasse du sucre avec des betteraves, seront encore plus étonnés que l'on fasse du vinaigre avec du bois; ils commenceront par nier le fait, en abusant des mots : « Le vinaigre, diront-ils, est évidemment du vin aigre; donc on ne peut faire de vinaigre avec du bois : » ce à quoi le chimiste leur répond : « L'acide acétique est la base du vinaigre; cet acide est contenu dans le bois, plus pur et en beaucoup plus grande quantité que dans le vin aigre, ou dans aucune autre liqueur fermentée : donc on peut extraire du bois de meilleur vinaigre que de toute autre substance.

C'est ce qu'a fait M. *Mollerat* de Pouilly (Côte-d'Or), et

(1) *Voyez* Pline.

ce que l'Institut de France a constaté dans un rapport fait à la classe des sciences physiques le 26 septembre 1808, aux noms de MM. Fourcroy, Bertholet et Vauquelin, dont l'autorité répond victorieusement à toutes les objections de l'ignorance, de la routine et de l'intérêt personnel.

M. *Mollerat* a exposé des échantillons de toutes les espèces de vinaigre qu'il obtient par la distillation du bois, et dont il a établi une fabrique à Pouilly (Côte-d'Or), avec brevet d'invention. Ces vinaigres sont d'une qualité et d'une force bien supérieures à tous les autres, et s'emploient avec avantage aux mêmes usages de la table et de la toilette. Chaque flacon de cette essence de vinaigre, du prix de 75 à 90 centimes, produit une bouteille commune d'un vinaigre plus fort et de meilleur goût que ceux qui se fabriquent par le procédé ordinaire. Quand un produit d'une consommation aussi générale unit le double avantage d'un prix plus bas et d'une qualité supérieure, chacun doit contribuer à en propager l'usage.

Et que diront les incrédules, si nous leur apprenons que l'on peut tirer un excellent vinaigre des fleurs de sureau, du petit-lait, du lait même, et (qui le croirait ?) de l'eau pure ? C'est cependant ce que tous les chimistes savent, et ce dont on peut trouver les preuves dans l'Encyclopédie (1), chez Spielmann, Scheele (2), et dans la plupart des auteurs qui ont traité de la décomposition des corps.

---

(1) Tome VIII, *Arts et métiers*.

(2) *Voyez* Mémoires de la Société royale de médecine; Journal de physique, 1783.

CHAPITRE XIV.

Plaqué d'or et d'argent. — Bonnets rouges. — Coutellerie. — Vases de M. Fauconnier. — Yeux artificiels de M. Desjardins.

Rassemblons dans un même chapitre plusieurs objets qui honorent l'industrie française, et qu'il serait difficile de placer convenablement sous des titres particuliers.

Voici encore une conquête sur l'industrie des Anglais; ils s'étaient réservé le secret du plaqué, et déjà nous sommes en état de soutenir avec eux la concurrence, même chez l'étranger. M. *Chatelain* (rue du Faubourg du Temple, n° 91) est celui dont les produits, dans ce genre, paraissent obtenir le plus de succès. Ceux de M. *Levrat*, rue de Popincourt, et de M. *Cristofle*, rue des Enfans-Rouges, les balancent néanmoins dans l'estime des connaisseurs.

Disons quelques mots en passant de cette singulière manufacture de MM. *Benoist* d'Orléans, consacrée uniquement à la fabrication des bonnets rouges. Je prie certaines personnes de ne point s'effrayer; ces bonnets-là sont destinés à la Turquie. Pour faire connaître l'importance de cette fabrique, il suffit de dire qu'on n'y emploie que des produits de notre sol; qu'elle occupe quinze cents ouvriers, et que ses exportations font annuellement entrer en France une somme de 12 ou 1500 mille francs.

Quelle que soit la quantité d'objets de coutellerie, que j'aie remarqués à l'exposition, je n'oserais pourtant assurer que nos voisins d'outre-mer ne conservassent une sorte de supériorité sur nous, dans la fabrication des instrumens d'acier, si je n'avais sous les yeux quelques-uns des produits de l'atelier de M. *Sir-Henry*, coutelier de la Faculté de médecine (1).

Je ne peux m'occuper de cet artiste sans parler de ses rasoirs d'une trempe particulière et perfectionnée. La petite caisse d'instrumens exposés sous le n° 974, dans la salle numérotée 51, suffit pour lui assigner un des premiers rangs, du moins dans la coutellerie chirurgicale. C'est certainement un calcul d'industrie déjà bien remarquable que d'avoir trouvé le moyen de réunir dans un nécessaire de poche, pesant à peine un kilogramme et demi, tous les instrumens propres aux diverses amputations : mais ce qu'il importe de savoir, et ce qui est attesté par le rapport de la Faculté de médecine, du mois de juillet dernier, c'est que ces instrumens, de même force et de même dimension que ceux ordinairement employés, égalent et surpassent en quelques parties tout ce qu'on a jusqu'ici fabriqué de plus parfait, même en Angleterre, où ce genre d'industrie a été porté si loin. Je ne puis entrer, à cet égard, dans des détails techniques qui pourraient blesser la sensibilité de mes lecteurs, en leur rappelant les maux que ces instrumens sont destinés à soulager par d'autres souffrances; mais il importe que l'on sache que l'habileté de M. *Sir-Henry* lui est tout-à-fait personnelle, et qu'il a fabriqué de sa propre main tous les ouvrages qu'il a exposés, et qui ne peuvent manquer d'ajouter beaucoup à sa réputation.

M. Grangeret, coutelier du roi, a exposé des couteaux de table exécutés dans un goût très-nouveau, et avec u-

---

(1) Place de l'Ecole de Médecine, n° 6.

ne perfection rare ; des rasoirs de la meilleure trempe ; des ciseaux, des canifs dans les formes les plus élégantes. Mais ce qui, bien plus que tout cela, mérite d'attirer les regards des vrais connaisseurs, ce sont trois caisses d'acajou, dont une renferme les instrumens de chirurgie pour le traitement des maladies du canal de l'urètre chez l'homme, et du vagin chez les femmes ; et les deux autres, les principaux instrumens inventés jusqu'à ce jour pour l'opération de la taille. Ceux-ci, du plus brillant poli, sont exécutés avec un soin et une sagacité remarquables.

Plusieurs autres couteliers de Paris et des départemens rivalisent à l'exposition, et laissent entre eux le connaisseur indécis. M. *Gillet*, rue de Charenton, M. *Rivaud*, rue du Faubourg Saint-Honoré; M. *Bost-Montbrun*, à Saint-Remi (Puy-de-Dôme); M. *Marquet*, à Thiers; MM. *Briant-Gilbert*, Étienne *Le Maire* et *Huau*, à Châtelleraud; MM. *Gouleaux* frères, à Klingenthal (Bas-Rhin), et M. *Populus-Belin* à Langres, ont fait preuve, en différentes espèces de coutellerie, d'une habileté rivale, à laquelle il reste encore des progrès à faire pour éloigner toute concurrence anglaise, du moins sous le rapport du poli des surfaces.

Rien de plus curieux, de plus bizarre, de plus élégant et de plus gracieux que les vases de M. Fauconnier. Ici, c'est un Apollon et une Diane qui décorent une soupière; là une coupe offre la figure vénérable d'un vieillard phrygien; une Psyché d'un dessin correct et distingué sert d'anse à un vase; un Bacchus forme la tige d'un huilier. Un journaliste a observé toutefois qu'il était mal à M. Fauconnier de forcer Bacchus à respirer du vinaigre.....

Les personnes qui tiennent aux objets d'art et de goût paraissent voir avec plaisir ces ornemens, dont la richesse n'exclut pas l'élégance. On admire d'abord une fontaine en vermeil, disposée de manière à renfermer des liquides, sans qu'elle offre aucun robinet à l'extérieur.

Je me suis arrêté avec étonnement devant une collection d'yeux artificiels où M. *Desjardins* (boulevard du Temple, n° 35) a reproduit sur l'émail, avec un art admirable, les différentes maladies qui affectent l'organe de la vue. Cet artiste, déjà si recommandable par un talent où il ne connaît point de rival en Europe, l'est peut-être davantage encore par l'application gratuite et bienfaisante qu'il en fait aux hôpitaux de la Faculté de médecine, à laquelle il est attaché. Cette précieuse cellection conviendrait à un établissement public ou à quelque amateur étranger qui voudrait enrichir son cabinet d'un travail qu'il est impossible de se procurer dans aucun autre pays.

CHAPITRE XV.

Tannerie. — Progrès de cet art. — Tiges de bottes. — Échantillons de diverses tanneries.

Parmi les productions innombrables de l'industrie française, exposées aux regards du public dans les salles du Louvre, il en est peu qui fixent moins que les cuirs l'attention du vulgaire des spectateurs, et qui soient néanmoins plus dignes des regards de l'observateur attentif et de la protection du gouvernement. L'emploi du cuir est un des premiers besoins physiques de l'état social; et l'art de le préparer, un de ceux où nous nous sommes, depuis quelques années, approchés le plus près et le plus vite de la perfection.

On s'occupa de tanner le cuir, et de le rendre souple, dès le berceau de la civilisation. Parmi les noms qu'Homère cite avec éloge, se trouve celui de l'ouvrier qui prépara le cuir destiné au bouclier d'Ajax : c'était Tychus de Béotie, le même auquel Pline attribue l'invention de l'art de tanner.

Il n'y a pas un siècle que la *tannerie* était dans l'enfance : on ne connaissait encore que la préparation à la chaux, qui avait le double inconvénient de brûler le cuir et de le rendre spongieux. Ce n'est que depuis une cinquantaine d'années qu'on a découvert, en France, le moyen de fabrication que l'on appelle à *la jusée*, parce qu'elle s'opère avec le jus du tan. Il a fallu lutter pendant plus de vingt ans contre la routine et le préjugé pour faire adopter parmi nous une méthode dont l'évidence avait, dès le premier moment, prouvé tous les avantages.

Cette force de l'habitude, si difficile à rompre, n'était pas le seul obstacle aux progrès de cette branche d'industrie : on l'accabla d'une multitude d'impôts et de droits de marque, depuis 1585 jusqu'à la suppression en 1790 du droit unique établi par l'édit de 1759, lequel subit une infinité de changemens jusqu'en 1775, époque à laquelle les droits de marque furent fixés à 15 pour 100 sur le poids de la marchandise.

Cet énorme impôt, en donnant lieu à des vexations inouïes dans son mode de perception, ouvrit la porte à tous les genres de fraude : les commerçans assez heureux pour employer impunément ces moyens illicites firent des fortunes considérables; les maladroits furent condamnés, les honnêtes gens se ruinèrent.

Le système des corporations, qui régissait alors le commerce français (1), fut encore une des principales causes de la stagnation où languissait cette industrie. Toute innovation dans la méthode de fabriquer devenait suspecte au comité syndical : plusieurs sortes de peau, et notamment celle du cheval, étaient prohibées pour la fabrication; une simple dénonciation contre le novateur donnait lieu aux visites domiciliaires.

L'abolition du droit de marque en 1790, et la liberté rendue au commerce, en faisant disparaître ces odieuses vexations, communiquèrent à l'art du tanneur un mouvement si rapide, que rien ne put en ralentir les progrès. La révolution, qui nous plaça dans un état d'hostilité avec le reste du monde, nous contraignit bientôt à chercher dans notre propre industrie les ressources que nous ne pouvions plus attendre de l'étranger.

L'Angleterre possédait seule, il y a vingt-cinq ans, le secret de fabriquer des tiges de bottes : la France était alors tributaire de ses manufactures. Quelques ouvriers de ce pays vinrent s'établir dans le nôtre, et leur exemple apprit à nos tanneurs le parti qu'on pouvait tirer d'une immense quantité de peaux, que l'insouciance et l'impéritie, compagnes d'une longue oppression, avaient jusqu'ici laissé perdre. Nous ne tardâmes pas à devenir les rivaux de nos maîtres, et maintenant nous pouvons nous glorifier de la préférence qu'obtiennent chez l'étranger les tiges de bottes fabriquées chez nous, peut être avec plus de perfection, mais certainement à beaucoup meilleur marché.

Au commencement de la révolution, les immenses be-

---

(1) *Voyez* l'Introduction.

soins de nos armées en cuirs de toute espèce se faisaient vivement sentir; les produits annuels de nos fabriques ne pouvaient suffire à cette consommation extraordinaire. Il s'agissait de créer les moyens d'augmenter la masse de cuirs propres à être mis en œuvre, en abrégeant le temps du tannage; MM. *Bertholet*, *Vauquelin* et *Séguin* s'en occupèrent. Ce dernier fit des essais qui démontrèrent qu'il était possible d'atteindre ce but, en facilitant le gonflement des cuirs par un mélange d'acide sulfurique avec les eaux tannantes. L'expérience a prouvé qu'il fallait employer cet acide avec beaucoup de réserve : les premiers essais en grand ne furent point heureux; on brûla le cuir en voulant hâter la préparation de quelques mois. On y est enfin parvenu, sans nuire le moins du monde à sa qualité.

Si j'osais avoir une opinion sur un objet où je sens toute mon insuffisance, je croirais pouvoir assurer qu'on peut encore abréger beaucoup le temps que l'on met au tannage. Je puis du moins citer un fait que tous les voyageurs attesteront avec moi. Les habitans des deux péninsules en-deçà et au-delà du Gange ne mettent pas plus de quinze jours à tanner et à corroyer le cuir qu'ils emploient pour chaussure. Je ne pense pas que ce cuir soit d'aussi bonne qualité que le nôtre; mais j'en ai fait usage assez long-temps pour affirmer que la manière dont il est tanné conserve sa substance intacte et la rend propre à être mise en œuvre. Les Anglais possèdent ce secret des Indiens. Ne pourrait-on pas en prendre connaissance sur les lieux mêmes?

Les cuirs et une partie des peaux exposés au Louvre s'y trouvent pour ainsi dire en contact dans la même salle, au rez-de-chaussée, avec les productions minérales dont l'exposition fait tant d'honneur à MM. *Chaptal* fils et

Roard. Ce rapprochement n'a peut-être pas été fait sans motif : si les productions minérales sont l'âme des manufactures, on peut dire aussi que les productions animales, telles que les peaux fabriquées à l'aide de minéraux et d'après les nouveaux procédés, en sont les résultats les plus précieux et les plus nécessaires à la société. L'alun entre essentiellement dans la confection des cuirs dits *de Hongrie*, employés pour soupentes de voitures et à l'équipement des chevaux de charrois. L'acide sulfurique est un ingrédient nécessaire à la première préparation de ces cuirs tannés.

Pendant long-temps les seuls Hongrois connurent et pratiquèrent cette manière de tanner le cuir. Henri IV (et ce n'est pas là son action la moins louable) voulut conquérir pour la Fance cette branche de richesse. Il envoya en Hongrie un habile tanneur, nommé Rose, qui accomplit ce larcin national, et revint en France établir, sous la protection du bon roi, une manufacture de cuirs de Hongrie.

L'exposition ne présente que les échantillons d'un petit nombre de tanneries; mais les qualités de ces échantillons suffisent pour donner une haute idée du point de perfection où cette industrie est parvenue.

Les gros cuirs à la *jusée* de M. Claude *Salleron*, tanneur à Paris, sont incontestablement ce qu'il y a de plus parfait en ce genre, pour la beauté de la couleur, la fermeté, la souplesse et l'imperméabilité : c'est le fruit de trente années de travaux, et d'un esprit supérieur, qui n'est resté étranger à aucune des connaissances dont il a jugé l'étude nécessaire au perfectionnement d'une branche d'industrie où M. Salleron tient aujourd'hui le premier rang.

M. *Cornisset* l'aîné, de Sens, jouit d'une réputation méritée : ses cuirs, quoique d'une couleur brunâtre, sont très-recherchés dans le midi de la France, et se débitent avantageusement à Paris.

Les échantillons de cuirs à la *jusée* et de *bœufs à œuvre* de M. *Salleron de Lonjumeau* (Seine-et-Oise), ne laissent à désirer que sous le rapport de la couleur; les connaisseurs leur reprochent une teinte ardoisée, qu'ils regardent comme un défaut.

Les tanneries du département d'Indre-et-Loire se distinguent par la qualité supérieure de leurs peaux de vaches et de bœufs à *œuvres étirées* (1). On remarque surtout les produits de MM. *Pelletereau* et Emmanuel *Gaudron*, de Château-Regnaud : on désirerait seulement que les cuirs de leur fabrique fussent un peu plus tannés.

Les tanneurs de Pont-Audemer n'ont rien envoyé à l'exposition : cette lacune s'aperçoit d'autant plus qu'ils excellent dans la fabrication des cuirs appelés *Buenos-Ayres*. Ils en ont enlevé le monopole à l'Angleterre, dont les produits en ce genre ne surpassent pas les leurs.

Les moyennes et petites peaux, étalées dans une des salles du premier étage, n'en sont pas un des moindres ornemens. On doit mettre au premier rang les superbes maroquins rouges de M. *Mattler* (rue Censier, n° 13); cette couleur a été long-temps le désespoir des fabricans français.

Les productions de la fabrique de M. *Schmuch* (rue Censier), méritent aussi de grands éloges.

Les peaux de chamois de la fabrique de MM. *Marie* frères, de Niort, sont d'une rare perfection.

---

(1) Je suis quelquefois obligé de me servir de termes techniques, pour éviter de longues périphrases qui exigeraient elles-mêmes d'autres commentaires.

Les cuirs vernis (dont l'invention est récente) se font remarquer à l'exposition par la variété des objets auxquels l'ingénieux M. *Didier* les emploie. Il a même appliqué le vernis au papier, qui acquiert par ce procédé presque autant de force que le carton. M. Didier fabrique avec le cuir verni des bouteilles, des aiguières, des vases et des ustensiles de toute espèce; mais dans ce dernier genre, il a pour rival M. Schmuch, concurrent redoutable.

La collection des peaux vernies de la manufacture *Delaloge*, rue Aumaire, forme un assortiment des couleurs les plus vives et les plus variées; ces peaux sont agréables à l'œil, souples à la main et sans la moindre odeur : elles m'ont paru propres à remplacer avec beaucoup d'avantage les toiles cirées dont on recouvre certains meubles. Parmi les cuirs destinés à cet usage, j'en ai remarqué un d'une très-grande dimension, orné d'une couronne de roses et bordé en or; il a tout l'éclat et toute l'élégance de la plus belle étoffe.

On a tenté plusieurs fois, depuis quelques années, d'employer le cuir verni à la fabrication des chaussures; ces essais présentaient des inconvéniens que M. *Grosjean*, rue Saint-Denis, croit avoir fait disparaître. Je le désire beaucoup : une chaussure à l'abri de l'humidité, qu'il suffirait d'essuyer pour lui rendre tout son lustre, serait une heureuse découverte pour les gens qui vont à pied, et qui seront encore long-temps en majorité sur la terre.

Il est vrai cependant que les bottes ont été souvent portées par de grands princes et de puissans seigneurs. Saint-Yves avait de grosses bottes qui furent conservées comme des reliques (1). Louis XI portait des bottes, ainsi que

(1) *Voyez* la vie de Saint-Richard, évêque de Chichester.

l'atteste un article des registres de la Chambre des Comptes, où il est fait mention d'une dépense de quinze deniers pour les graisser. Dans les premiers temps de la monarchie, tous les nobles mettaient des bottines (1).

Madame *Didier* présente à l'exposition des cuirs vernis imperméables pour souliers, tiges et revers de bottes. La concurrence, dans tous les genres, éveille l'émulation, et les rivalités ne sont plus des jalousies, grâces à l'instruction qui pénètre dans toutes les classes, et aux sentimens d'une bienveillance réciproque, qui deviennent communs à toutes, une seule exceptée; on voit que je veux parler de la classe privilégiée, ou plutôt des privilégiés; ce qui n'est pas tout-à-fait la même chose.

CHAPITRE XVI.

Chanvre et lin.

Le chanvre et le lin sont les premières substances végétales que l'homme civilisé ait employées pour se mettre à l'abri de l'intempérie des saisons; l'époque où fut inventé l'art de tisser les filamens de cette dernière plante se perd dans la nuit des temps : les livres les plus anciens font mention de tissus fabriqués avec la filasse, et le Deutéronome contient un règlement de police à ce sujet.

Le luxe ne tarda pas à perfectionner un art que le besoin avait fait naître. Les esclaves, auxquels on en avait abandonné la culture, jaloux de satisfaire la vanité capricieuse de leurs maîtres, parvinrent, à force d'adresse et

(1) *Voyez* Ducange.

de patience, à filer le lin d'une telle finesse, qu'au rapport de Thucydide (liv. 1er), aucun tissu n'était comparable, pour la transparence, aux robes des Athéniennes.

Il faut croire cependant que les Grecs faisaient du lin un usage bien moins fréquent que nous; car Hérodote et Xénophon affirment que la meilleure partie des récoltes en lin passait dans le commerce. Une serge fine faite de laine était chez eux, ainsi que chez les Romains, le vêtement le plus ordinaire.

Pline parle d'un filet de tricot, si fin, qu'il passait tout entier dans un anneau (liv. 19, chap. 1er). Les Grecs avaient poussé le blanchiment au même degré de perfection. L'usage des alcalis leur était familier, ainsi que nous l'apprend Théophraste; cet auteur, qui écrivait sept cents ans avant l'ère chrétienne, était lui-même fils d'un blanchisseur de Lesbos. Les propriétés détersives de plusieurs espèces de plantes et de terres étaient connues des Romains; et les nuances de blanc qu'ils communiquaient à leurs toiles avaient tant d'éclat, qu'on préférait celles-ci aux richesses que la magnificence impériale étalait dans les fêtes publiques.

L'art de travailler le lin éprouva le même sort que tous les autres; il s'éteignit dans la barbarie du moyen âge, et dix siècles s'écoulèrent avant qu'il reparut avec quelque éclat. Les Hollandais, parmi les peuples modernes, en firent une étude particulière, et s'emparèrent presque exclusivement de cette branche d'industrie. Les toiles de Hollande furent pendant long-temps les seules qu'on recherchât dans le commerce; les autres nations européennes envoyaient les toiles de leurs manufactures à Harlem, pour y recevoir les apprêts convenables, et les revendaient ensuite comme étant de fabrication batave.

La perte de temps et les frais qu'entraînait cette méthode, éveillèrent l'industrie des Français et des Anglais, également impatiens de s'affranchir du tribut qu'ils payaient aux Provinces-Unies. Chacune des deux nations chercha séparément à découvrir les procédés dont l'emploi était devenu pour les fabricans bataves une source de richesses. C'est ici que se manifestent les dispositions différentes des deux peuples rivaux pour les inventions utiles. Un Irlandais, qui n'avait que des notions très-imparfaites de l'art du blanchiment, se présente en Écosse, et annonce le projet d'y fonder une blanchisserie à la hollandaise : les commerçans, les capitalistes, favorisent aussitôt son entreprise, et fournissent les fonds nécessaires. Il échoue dans ses premiers essais; les toiles, affaiblies par les préparations qu'il leur a fait subir sur le pré, ne présentent, à la fin de la belle saison, que la nuance d'un blanc terne et bleuâtre. Ce mauvais succès ne décourage pas ses associés; ils continuent, redoublent d'efforts, et parviennent à triompher des obstacles.

En France, le même art, établi sur de bien meilleures bases, éprouvé dans toutes ses parties par l'illustre Berthollet, est loin de trouver la même faveur : une association formée à Valenciennes pour le blanchiment des toiles d'après la nouvelle méthode, ne rencontre que des entraves, et ne parvient pas même à se procurer l'emplacement dont elle a besoin : le comte de *Bellaing*, indigné de cette honteuse cabale, et convaincu des avantages du procédé nouveau que l'on repousse, établit les sociétaires dans une de ses propriétés; mais cette généreuse protection ne les met pas à l'abri des persécutions que l'on continue à leur susciter.

On ne peut néanmoins se dissimuler que la méthode bertholienne s'applique avec moins de succès aux toiles de chanvre et de lin qu'aux tissus de coton : les pertes que les premières éprouvent dans l'opération s'élèvent jusqu'à 27 pour 100, tandis qu'elle ne vont pas à 5 pour 100 dans les autres : quoi qu'il en soit, il est probable que ces difficultés qui restreignent le commerce des toiles indigènes ne tarderont pas à disparaître. Les substances qui rendent le blanchiment aussi pénible qu'indispensable, s'attachent à l'écorce pendant le rouissage : tant que la plante végète, elles sont solubles, et cèdent à l'action de l'eau qui s'en empare. Cette circonstance, reconnue depuis quelque temps, a déjà été mise à profit par plusieurs mécaniciens : les machines de M. *Christian* pour teiller immédiatement le chanvre et le lin ont été éprouvées par quelques agriculteurs avec un plein succès. A mesure que l'usage s'en répandra, les manipulations du blanchiment deviendront moins nombreuses et plus faciles. La filature du lin présente aussi plus de difficultés à vaincre que celle du coton, et les procédés mécaniques qu'on emploie pour celle-ci ne conviennent pas à l'autre. Un homme éminemment doué du génie des arts, était parvenu à surmonter l'obstacle; mais à cette honteuse époque où le courage, les talens et le patriotisme étaient en butte aux outrages d'une orgueilleuse stupidité, il fut contraint à s'expatrier et à porter sur la terre étrangère le fruit de sa première découverte. Les petits-fils de ces hommes qui arrachèrent au monarque dévot la révocation de l'édit de Nantes, devaient cet hommage aux cendres de leurs pères.

Nos fabriques de toiles sont dans un état de prospérité très-surprenant, si l'on fait attention au tort que les tissus de coton doivent nécessairement leur faire. La séparation de la Belgique a été favorable au développement de cette branche d'industrie. On a établi sur les toiles blanches étrangères un droit qui, pour les toiles de ménage, équivaut à la prohibition; et quant à la petite quantite de toiles fines dont nous avons besoin pour compléter nos assortimens d'exportation, elle n'entre qu'en écru.

Cette séparation de la Belgique nous a forcés d'etablir des blanchisseries aux environs de Lille, de Douai, d'Armentières, d'Amiens, de Beauvais, de Senlis, du Mans et de Lyon. Celles de MM. *Guesnet* à Clermont-sur-Oise, et *Turquet-Durand* à Senlis, rivalisent pour la conservation des qualités et pour la pureté de ce blanc, dit de *Senlis*, que les Irlandais ne surpassent qu'aux dépens de la qualité du tissu.

A l'époque où l'Escaut coulait sous les lois de la France, les teinturiers d'Oudenarde teignaient par an 80 mille pièces de toiles en bleu, dont les trois quarts au moins, destinés à faire des sarots, se consommaient en France : tous ces établissemens ont été transportés en France. Les mêmes teintures n'y reviennent pas à moitié prix.

Les fabriques d'Étaires et d'Armentières se bornent aux toiles de ménage et au linge de table : quoique de bonne qualité, l'espèce de lin qu'elles emploient n'atteint pas, à la filature, le degré de finesse nécessaire pour la fabrication des batistes.

Nos premières fabriques de toiles de ménage sont celles de Lisieux et Vimoutiers, connues sous le nom de cretonnes; le nombre en est quadruplé depuis vingt ans. La majeure partie des lins qu'elles emploient vient de la Flandre française : celui qui croît aux environs de Lisieux, et dont la culture augmente tous les ans, suffira bientôt à leur consommation.

La fabrique de Bernay se soutient sans augmenter; celles de Mortagne, Mamers et Alençon ont un peu souffert de la perte de nos colonies, où elles faisaient des exportations considérables.

Les toiles fines dites *demi-Hollande*, qui se fabriquent

et se blanchissent aux environs de Beauvais et de Clermont, approchent de la batiste pour la finesse.

Les fabriques de Mayenne et de Laval sont les plus heureusement situées; elles récoltent leur lin; elles sont dans un pays où la main-d'œuvre est à bon marché; et leurs blanchisseries autrefois inférieures à celles du Nord, se sont singulièrement améliorées depuis quelques années. Ces toiles, connues dans le commerce sous le nom de *Laval* et de *royale*, sont recherchées pour la consommation intérieure.

Cholet ne fabrique plus l'espèce de toile qui portait autrefois son nom : ceux de ses ouvriers qui ne sont pas occupés aux tissus de coton, continuent la fabrication des mouchoirs, à bas prix, dont cette petite ville s'était pendant long temps réservé le privilége.

La fabrique de Quintin, dite *toile de Bretagne*, a beaucoup perdu par la guerre des insurgés d'Amérique, où se faisait presque toute sa consommation; en perfectionnant ses qualités, elle a trouvé le moyen d'écouler ses produits dans l'intérieur.

La fabrique de Warem est considérable, et ses produits en toile de ménage sont d'une qualité parfaite; elle en exporte la plus grande partie.

Il se fabrique aussi beaucoup de toiles légères, dites *de Villefranche*, dans les environs de Lyon.

On aura une idée à peu près complète du nombre et de l'espèce de nos fabriques de toiles, en joignant aux principales dont j'ai déjà parlé, celles des anciennes provinces de Lorraine, d'Alsace et de Picardie. Les toiles connues de cette dernière province sont fabriquées avec les chanvres du pays, et se consomment presqu'en totalité sur les lieux mêmes.

Les tissus de lin et de chanvre ont deux grands avantages, particulièrement dans les qualités communes et demi-fines, la force et la durée. Leur fabrication est une vieille propriété de l'industrie française; et l'on aime à en suivre la marche depuis les étoupes sérancées exposées par M. *Godart,* mécanicien d'Amiens, jusqu'aux toiles dites *demi-Hollande* fabriquées et blanchies dans la même ville; depuis le fil caret de ce même M. Godart, jusqu'aux fils à dentelle à l'aide desquels M. *Dubost,* rue de Richelieu, n° 15, a fabriqué des bas de 100 fr. la paire.

On doit à M. *Gontier* de Louguy (Orne) des échantillons de lin, écrus ou blanchis, remarquables par la finesse et la régularité du brin. Ceux qui proviennent de la maison de détention de *Beaulieu* (Calvados) ne sont pas moins unis et sont peut-être encore plus déliés.

On se rappelle que, il y a dix ans, un prix d'un million fut proposé pour l'invention d'une machine à filer le lin et le chanvre; j'ait fait connaître le sort de l'inventeur : il paraîtrait que sa découverte n'est pas entièrement perdue pour la France, puisque MM. *Adeline* de Malaunay, *Gouy* de Rouen, et *Declanlieux,* rue Saint-Victor, à Paris, ont exposé des fils de lin filés à la mécanique, d'une très-grande beauté. Il est probable que le procédé que ces messieurs emploient ne remplit pas toutes les conditions du problème; mais il me semble qu'il méritait au moins une mention honorable; je ne crois pas qu'il l'ait obtenue.

Les toiles de Cretonne et de Laval exposées par MM. *Gombert* et *Micheletz,* rue de la Barrière de Sèvres, sont également remarquables par la qualité et par la blancheur.

MM. *Adrien Thirouin,* d'Évreux, ont exposé une grande variété d'échantillons de coutils en chaîne bleue et en chaîne blanche, de cinq quarts de large : ces toiles propres à faire des sarots presque imperméables, servent, en

Bretagne, et surtout en Normandie, à l'habillement de tous les hommes que leur profession expose à la pluie ou à des travaux qui exigent des mouvemens brusques et continuels, auxquels ne résisteraient pas les étoffes de laine ou de coton. On sait aussi que c'est la seule étoffe dont le tissu serré soit propre à enfermer la plume des oreillers ou des traversins, ce qui lui assigne une place importante dans les produits de notre industrie nationale.

Les coutils de M. *Thirouin* sont souples, lustrés, et ont tout le degré de finesse que comporte ce genre d'étoffe. Ceux de M. *Lechèvre*, à Lalande (Orne), fabriqués à petites raies vertes ou bleues, et à grandes raies rouges et jaunes, sont d'une qualité moins fine, et, par cette raison, d'un usage plus général : ils m'ont paru (ainsi que ceux de MM. *Fur* et *Laboulaye*) travaillés avec beaucoup de soin.

Peut-être n'avons-nous jamais moins senti le besoin de multiplier et de perfectionner nos fabriques de toiles à voile : c'est une raison de plus d'encourager les efforts de MM. *Chipoulet* et *Lacombe* d'Alby, *Gaubert-Bonnaire-Giraud* d'Angers, Maurice *Dularain* et *Leboucher-Villegaudin* de Rennes, qui ont exposé de nombreux échantillons des différentes espèces de toile à voile, d'après lesquels on peut apprécier les progrès que nous avons faits dans un genre de fabrication où nous avons été long-temps et où nous sommes, je crois, encore au-dessous des Anglais, des Hollandais et des Russes.

J'ai remarqué particulièrement les toiles à deux et trois fils forts de MM. *Morice Dularain;* les toiles à voile façon de Hollande et de Russie, de MM. *Gaubert-Bonnaire-Giraud*; et les toiles à fils simples, genre hollandais, de M. *Leboucher-Villegaudin:* ses échantillons, depuis le n° 1 jusqu'au n° 8, n'indiquent qu'une augmentation de 5 cent.

par numéro, c'est-à-dire que le prix le plus bas est de 1 fr. 75 cent. le mètre, et le plus élevé de 2 fr. 10 cent. pour les voiles basses et les bonnettes. Les toiles métis de ces manufactures, du n° 5 au n° 19, valent depuis 1 f. 50 c. jusqu'à 2 fr. le mètre : on y fabrique aussi, pour le même usage, des toiles à voile rousses, du n° 15 au n° 32, qui m'ont paru d'une belle qualité.

Les toiles à voile de deux maisons de Rennes se recommandent non-seulement comme plus fortes et mieux tissées, mais à raison des lieux où elles se confectionnent. L'ancienne Bretagne cultive en grand le lin et le chanvre; les deux tiers de la population s'occupent, toute l'année, des travaux qu'exige leur manipulation. L'Espagne, qui tirait autrefois toutes ses toiles de cette partie de la France, se pourvoit aujourd'hui, et laisse sans débouchés nos fabriques d'Ile-et-Vilaine : ne serait-il pas juste de les encourager en les admettant à fournir une partie des approvisionnemens de la marine? c'est une question que je me permets de soumettre à son excellence M. Portal.

CHAPITRE XVII.

Cristaux. — Progrès de l'industrie dans cette partie. — Manufactures Chagot père et fils, de Mont-Cenis. Incrustations. — Cheminées, toilette et pendule de cristal de Mad. Désarnaud, de la manufacture de M. Lartigue.

Les beaux produits de nos manufactures de verrerie, que je rencontre sur ma route, me forcent de consacrer de nouveau quelques pages aux verres, cristaux et glaces, dont j'ai déjà eu occasion de parler plus haut.

Qu'on ne s'étonne pas de chercher en vain dans cet ouvrage une disposition encyclopédique et régulière des matières; je n'ai pas prétendu faire ici un rapport scientifique sur la dernière exposition : loin de moi la pensée d'empiéter sur les droits et les attributions de messieurs de l'académie des sciences. Une promenade à travers les salles du Louvre, guidée par une attention patriotique et scrupuleuse; quelques points de vues historiques sur l'état et les progrès de l'industrie; une esquisse rapide et exacte de ces produits merveilleux de tous les arts de la France : tel est à peu près le but et le plan de mon ouvrage. Les évolutions militaires et les pas de l'arpenteur sont circonscrits dans un espace fixe : la course du promeneur a son but aussi; mais une précision géométrique lui ôterait tout son charme, une rigueur pédantesque lui conviendrait moins encore qu'une irrégularité vagabonde.

Ici, comme dans toutes les branches industrielles, les pas que les arts modernes ont faits sont immenses. Qu'il y a loin des premiers essais, à l'aide desquels *Stach* obtint ses verres bleus (qui eurent, il y a quarante ans, une si grande vogue en France), aux verres transparens et purs qui sortent aujourd'hui de la manufacture de *Saint-Quirin* (département de la Meurthe)!

Il y a plus loin encore des cristaux opaques que parvint à former M. *Achard*, à peu près à la même époque, aux cristaux magnifiques exposés cette année dans les salles du Louvre.

La fondation et les perfectionnemens de cette branche d'industrie, en France, sont dus aux établissemens du Creuzot, dont M. *Chagot* est aujourd'hui propriétaire; la manufacture des cristaux n'en forme qu'une partie. Ces établissemens se composent d'une grande fonderie, de grosses forges, d'affineries, de laminoirs, de l'exploitation d'une mine de fer, d'une mine de houille, et d'une cristallisation, la première qui ait été fondée en France, sous la protection de la reine Marie-Antoinette, qui lui avait donné le titre de *manufacture de la reine, à Mont-Cenis*, Saône-et-Loire.

La nature des objets qui s'exécutent dans la fonderie n'a pas permis, à raison de leur poids et de leur volume, de les produire à l'exposition du Louvre; d'ailleurs le public les a constamment sous les yeux : il suffit d'indiquer la superbe coupole de la Halle-aux-Blés, le Château-d'eau du boulevard Bondi et la fontaine de l'Institut, pour qu'on puisse juger de l'importance et de la perfection des travaux gigantesques de la fonderie du Creuzot.

La manufacture des cristaux qui fait partie de ce vaste établissement, par la beauté et la pureté de la matière, par l'élégance des formes et le précieux de la taille, soutient très-avantageusement la concurrence avec les cristaux anglais. On sait cependant que l'Angleterre abonde en substances propres à la cristallisation, et que cette branche de la chimie, l'un des plus importans agens de la science, a été cultivée avec un succès et une patience rare, par nos voisins. C'est donc une victoire nouvelle et précieuse que vient de remporter notre industrie : il faut l'attribuer en grande partie aux connaissances chimiques de M. H. Chagot fils, entrepreneur de cette belle manufacture, où il a introduit la fabrication du minium, et les moyens d'épuration des matières constitutives du cristal.

Parmi les nombreux chefs-d'œuvre de cette fabrique, qui ont été exposés, on a particulièrement remarqué deux superbes candelabres de 14 pieds de haut; trois beaux vases d'ornement, et un plateau de 22 pouces de diamètre, d'une exécution tellement difficile, que le même ouvrier n'a pu parvenir encore à en faire un second : aussi la valeur de cette seule pièce est-elle de 900 fr., tandis qu'on peut se procurer pour moins du double de ce prix un service de dessert, composé de 100 pièces diverses, taillées avec un art admirable, et qui joignent la solidité à l'éclat du diamant.

M. le chevalier *de Saint-Amans*, attaché à la manufacture de Mont-Cenis, a inventé le procédé ingénieux des incrustations, au moyen duquel on saisit dans le cristal même des dessins coloriés de toute espèce, que leur enveloppe transparente met à jamais à l'abri des outrages de l'air et du temps.

On a incrusté de cette manière des trophées et des portraits; tous ne sont pas également bien choisis : quand il s'agit d'éterniser des souvenirs, il faut songer à la postérité.

Madame veuve *Desarnaud*, dont le magasin, au Palais-Royal, est un objet continuel d'admiration pour les étrangers et pour les Parisiens eux-mêmes, a déployé au Louvre tout le luxe de la plus brillante industrie : est-ce pour le palais d'Armide qu'est destinée cette cheminée complète, dont le chambranle, le manteau, les supports, et même les chenets, sont plaqués en cristal? La pendule, les candelabres, et les flambeaux, qui en complètent l'ornement, sont de la même matière, et ne se distinguent pas moins par le goût et l'élégance, que par la richesse et le fini du travail (1).

Psyché semble elle-même avoir donné son nom à cette toilette de cristal à laquelle est fixée une glace à bascule, et dont tous les compartimens, toutes les garnitures, res-

---

(1) Ces cristaux sortent bruts de la manufacture de M. Lartigue.

plendissent de l'écat du diamant. Cette toilette magique renferme un jeu de flûte dont les douze airs variés se répètent tour à tour, et sans interruption, pendant une heure; c'est-à-dire, pendant l'espace de temps qu'une jolie femme peut décemment passer devant une glace, en présence d'elle-même.

Je dois aussi faire mention d'une pendule en cristal, exposée par madame Désarnaud, et dont le balancier, taillé à facettes prismatiques. divise, dans son mouvement, les rayons de la lumière, et réfléchit les couleurs de l'arc-en-ciel.

C'est de la manufacture de Mont-Cénis que sont sortis les cristaux dont M. *Feuschère* (rue Notre-Dame de Nazareth, à Paris), a garni le plus beau lustre que l'on ait vu à cette exposition, et dont le prix était porté à 10,000 f.

Madame *Boisrichard* (rue Neuve-d'Orléans), M. *Garnier* (rue des Fossés-Saint-Germain), et M. *Lefèvre* (quai Saint-Paul, n° 6), ont aussi exposé de très-beaux ouvrages en cristal, parmi lesquels j'ai remarqué un lustre de ce dernier fabricant, portant 48 becs à 7 pieds de hauteur, et distribués sur un cercle de 13 pieds de circonférence : le bronze des supports et des ornemens, doré en or mat, m'a paru ciselé avec un goût exquis.

CHAPITRE XVIII.

Commerce et fabrication des glaces. — Produits de la grande manufacture de Paris. — Verre filé. — Verres à vitres, à cloches, cylindriques.

Voici un exemple singulier et frappant de l'influence du despotisme sur l'industrie : Louis XIII était mort, la

France n'offrait qu'un sol fertile, des institutions incertaines, une nation sans caractère, une cour galante, brillante et servile : les ouvriers français découragés se répandirent en Europe; Venise, qui avait commencé à fabriquer des glaces, offrit à plusieurs de ces fugitifs les moyens d'utiliser leur industrie, et leur confia ses manufactures. Bientôt la fabrication de glaces devint une des principales sources de richesses, et comme un patrimoine de la république : elle en fournit à toute l'Europe; elle vit les trésors de Saint-Marc se grossir chaque jour par l'industrie de quelques Français. L'orgueilleux Colbert s'indigna enfin; et par adresse, par séduction, par argent, rappela les Français en France. Depuis ce temps, les glaces françaises ont acquis une supériorité marquée; plusieurs manufactures s'établirent; le commerce y trouva une mine opulente; les perfectionnemens se succédèrent; et vers 1650, Thevard inventa les *glaces coulées*, les seules auxquelles on puisse donner de grandes dimensions.

Il faut savoir gré à M. *Lefèvre* d'avoir étamé ses glaces avec l'étain indigène des mines de Pirial et de Vaurey. Il a recouvert cet étamage d'un encaustique qui en augmente la solidité, et par conséquent la durée, sans ajouter beaucoup aux frais d'étamage.

La grande manufacture de glaces de Paris, dirigée par M. *Denauroy* (1), a fourni cinq glaces de dimensions extraordinaires : les deux principales, dont l'une a 106 pouces sur 72, et l'autre 119 sur 70, sont, je crois, les deux plus grandes glaces que l'on ait encore fabriquées.

Une feuille d'étain destinée à une glace de cette dernière dimension, a été exposée par M. Denauroy (2).

---

(1) Petit-fils d'une sœur de Racine.

(2) On sait que c'est en appliquant des feuilles d'étain sur

Ce sont de jolis bijoux, que les meubles et nécessaires en verre filé qu'ont exposés MM. *Le Cœur*, rue du Contrat-Social, et *Gibon*, rue de Valois.

Déjà, il y a une dixaine d'années, on a vu sortir de quelques manufactures de Bohême de petits palais de verre fondu, des vaisseaux avec leurs agrès, en verre tordu et coulé, des perruques et jusqu'à des brosses de verre; merveilleuses bagatelles qui prouvent la singulière élasticité de la matière employée, et la patience de leurs auteurs.

C'est Réaumur qui a observé le premier, que le verre peut se dévider comme un écheveau de fil. Un ouvrier tient le morceau de verre au-dessus de la flamme d'une lampe; un autre applique contre le morceau en fusion le bout d'un crochet de même matière, le tire à lui, engage ce crochet sur la circonférence d'une roue verticale qu'il tourne rapidement, et réduit en fils aussi minces qu'un fil de ver à soie, ovales, flexibles à un degré étonnant, cette matière transparente, légère et fragile. On ne peut attendre qu'un très-mince degré d'utilité de ce procédé ingénieux, de ce petit miracle de l'industrie : ceux qui s'y adonnent, ne doivent pas espérer que le débit d'objets si frivoles les dédommagent des soins qu'ils se sont donnés, et du talent qu'ils ont perdu.

La verrerie commune de M. *Lutton*, rue du Marché-Neuf, celles des verres à vitres, à bouteilles, à cloches de jardin, de MM. *Deviolaine*, à Prémontré, de *Poilly*, à Folambray (département de l'Aisne), *Virgile de la Vi-*

---

les glaces à l'aide du mercure qui s'y amalgame, qu'on leur donne la propriété de réfléchir les objets. Cela s'appelle mettre les glaces au tain.

gogne, à Cuervile (Seine-Inférieure), de M. le marquis de *Louvois*, à Crussy (Yonne), de M. *Ragaine*, à Tourouvre (Orne), sont d'une utilité plus générale, et par conséquent d'un produit plus certain.

Ce fut long-temps une opération difficile, que la fusion de ces verres cylindriques, sous lesquels on met à couvert les pendules et les ornemens précieux de nos cheminées. Cette partie de l'art du verrier semble portée aujourd'hui au plus haut degré de perfection. Du moins conçoit-on difficilement qu'on puisse aller au-delà des deux cylindres de la verrerie *Monterma* (Ardennes); l'un de 35 pouces de hauteur sur 16 de diamètre, l'autre de forme ovale de 22 pouces et demi de haut sur 22 pouces trois quarts dans le diamètre de sa longueur, et 8 pouces de diamètre dans sa largeur. Le verre en est épais, brillant, sans tache et sans couleur.

La plupart des produits de nos verreries ont été exposés dans la salle où se trouvaient les porcelaines, ce qui rappelle cette comparaison poétique :

> ... Comme elle a l'éclat du verre,
> Elle en a la fragilité.

Sans respect pour la différence de leur emploi, je rendrai compte, dans un même chapitre, des porcelaines qui décorent la table du riche, et de l'humble faïence qui couvre la table du pauvre.

CHAPITRE XIX.

Coup d'œil historique sur les vases des anciens. — Vases grecs. — Faïences françaises.

Les premiers vases dont se servirent les hommes furent sans doute des fruits desséchés et creusés, assez larges et assez denses pour contenir et transporter les liquides. La courge, la citrouille, étaient les vases ordinaires de ces Égyptiens si puissans et si vantés. Aujourd'hui quelques indigènes de l'Amérique font encore servir leurs calebasses au même usage. Quand l'homme eut massacré l'animal sauvage, et, plus sauvage que lui, dévoré ses entrailles et saisi sa dépouille, il se servit des cornes de la victime pour boire ou conserver les liqueurs. Homère et Xénophon nous montrent leurs personnages se passant de main en main, autour de la table du repas, la corne de bœuf, en guise de coupe; c'était dans une corne que l'huile sainte était gardée au fond du tabernacle des Hébreux (1). Les anciens rois de Danemark vidaient, avant le combat, une grande corne remplie d'hydromel (2). A Rome, sous l'empire d'un luxe riche des dilapidations de trois siècles, et des dépouilles du monde connu, la mesure commune des liquides était une corne de taureau, de bœuf ou de bélier (3).

(1) *Voyez* Esdras.

(2) *V.* Bartholin.

(3) *V.* Cantelius, *de obsoniis*.

Cependant Platon (1) prétend que l'art de la poterie fut une des premières inventions de l'esprit humain, « parce que, dit-il, l'emploi des métaux n'est point nécessaire » à cette industrie facile. » En effet, chez la plupart des nations barbares on a trouvé des vases très-solides, faits de terre grasse durcie au soleil ou cuite au feu. A la Louisiane, les femmes seules fabriquent ces porcelaines grossières, mais indestructibles. Chorabus l'Athénieneut des autels pour avoir inventé la poterie. Les rois de Juda donnèrent un logement dans leur palais et accès dans leur cour, à une famille de potiers habiles; et les beaux vases toscans, dont nos cabinets possèdent quelques fragmens mutilés, le disputèrent, sous Auguste, aux vases d'or et d'argent. La table de Trimalcion, chez Pétrone, offre de petits huiliers d'argile étrusque, à côté des immenses amphores de Corinthe, étincelantes de smaragdes.

L'érudition des mots, celle qui s'occupe sérieusement de la position d'une virgule dans une phrase oiseuse, ou qui poursuit à travers les ténèbres de la dernière antiquité, une syllable perdue, est moins intéressante sans doute que ces souvenirs des coutumes anciennes, que cette érudition *des mœurs et des choses*, qui reporte notre pensée sur les révolutions des coutumes, et fait revivre pour nous tous ces usages différens que l'industrie humaine a successivement inventés et remplacés; néanmoins je crois convenable de m'arrêter ici, et de résister au désir de donner à mes lecteurs la description des trois cents et quelques formes de vases employés par les Grecs, au rapport d'Athénée (2).

---

(1) *République*, liv. I.

(2) *Deipnosoph.* liv. II.

Tout métier chez les Grecs s'était élevé à la dignité d'un art; cela devait être, là où la beauté des formes, en quelque genre que ce fût, était le premier mérite, où le goût sembloit être un besoin de toutes les classes : ce n'était pas assez qu'une chose fût utile et commode, il fallait encore qu'elle fût agréable pour passer en usage. La preuve de cette vérité se retrouve jusque dans les moindres débris que le temps nous a conservés; jusque dans le vase de terre où l'esclave faisait cuire ses alimens. Chez les Grecs, le goût était un instinct; parmi nous, c'est une acquisition : les arts libéraux tendent sans cesse à la réunir à ce domaine public.

Nos efforts ont été long-temps moins sensibles, dans le genre d'industrie dont je m'occupe en ce moment, que dans beaucoup d'autres, et ce n'est que depuis peu d'années que l'influence des arts du dessin se fait sentir dans l'industrie du potier.

La dernière exposition a manifesté, dans ce genre, des progrès étonnans; et pour commencer par ceux d'une utilité plus générale, je citerai les poteries brunes, bleues et blanches, sur lesquelles nos riches citadins laissent tomber des regards dédaigneux : MM. *Mouchard*, d'Angoulême; *Ambruster* et *Grandmougin*, de Lunéville; *Loyal*, *Massé*, *Dubois*, *Durand*, *Guillemot*, de Tours; *Burquin*, *Dubois*, de Lurey, *Lévy* (Allier), et principalement MM. *Fabry* et *Utzschneider*, de Sarguemines, se sont distingués dans la fabrication de cette porcelaine des hameaux. Il était cependant possible de la rendre plus légère, de lui donner des formes plus modernes (c'est-à-dire plus antiques), de la revêtir d'un vernis plus brillant, sans en augmenter le prix; c'est à quoi MM. Joachim *Langlois*, de Bayeux, *Barrat*, *Deguelle*, de Tours, me semblent avoir parfaitement réussi.

Les faïences blanches et bleues dites de Hollande, de la fabrique de M. *Keller*, de Lunéville, n'ont plus rien à redouter de la concurrence des véritables faïences hollandaises; celles de M. *Fouques*, de Toulouse, se reconnaissent à la finesse de la pâte, et à l'éclat de leur émail.

MM. *de La Maiterie*, de Rouen, ont exposé de jolis vases bronzés (imitation d'une espèce de terre anglaise), qui m'ont paru surpasser leurs modèles par le bon goût et l'élégance des formes.

M. *de Saint Cricq-Caseaux* (à Creil, département de l'Oise) a mis au concours une grande variété de vases en grès, les uns noirs, les autres noirs et dorés, qui ne dépareraient pas la table de l'opulence, et parmi lesquels j'ai surtout remarqué deux vases d'ornement, à tête de bélier, de forme tout-à-fait antique.

La fabrique de MM. *Fabry* et *Utschneider*, de Sarguemines, a brillamment soutenu la grande et ancienne réputation dont elle jouit : parmi les nombreux articles en faïence, en terre rouge, cailloutage et porphyre, dont elle a offert les modèles, j'ai donné une attention particulière à de belles jattes en argile naturelle au dehors, et brillantes au dedans du plus beau vernis; à des vases d'ornement de différentes dimensions, et modelés de très bon goût.

Ainsi les produits des fameuses terres de Wedgewood, ces petites poteries fauves et noires, d'un grain si fin et d'un aspect si aimable, ces pots à lait si délicats, si gracieux, ces théières si élégantes, cette faïence bronzée, brillante et légère, dont l'Angleterre se vantait avec raison, sont égalés et peut-être surpassés par nos manufactures; et nous avons atteint ou devancé nos rivaux dans cette branche d'industrie, que Raynal appelle la *propreté du luxe*, et qui vaut mieux que son opulence.

CHAPITRE XX.

Porcelaines de Sèvres. — Porcelaines de fabriques diverses. — Immenses progrès de l'industrie en ce genre. — Peinture sur porcelaine, émaux, et camées.

Mes désirs sont vastes et ma fortune est modeste; je me trouve ainsi placé, comme beaucoup d'autres, entre la tentation de me procurer de belles choses, et la difficulté de les acquérir : grâce soit donc rendue à ceux des fabricans qui font cesser tout d'un coup notre incertitude, en indiquant le prix des objets qu'ils exposent. M. *Frémont* a pris ce parti, et doit s'en trouver bien.

En examinant les produits de cette fabrique de faïence et de porcelaine imprimées, pour laquelle M. *Legros-d'Anizy* a obtenu un brevet d'invention, je jetais un œil furtif et presque mécontent sur des porcelaines blanches et bleues ornées de dessins charmans, et que je croyais d'un prix auquel peu de personnes pouvaient atteindre; mais heureusement il était marqué sur la pile d'assiettes, et j'appris avec plaisir qu'on pouvait se procurer pour 30 francs une douzaine d'assiettes fort belles, avec une soupière ovale et son plateau, le tout en porcelaine très-supérieure à celle du Japon. Je remercie M. Frémont de m'avoir appris qu'on livrait de si belles choses à si bon marché dans son magasin, rue du Faubourg-Montmartre, n° 11.

Le temps où l'on ne connaissait guère en France d'autres porcelaines que celles du Japon et de la Chine, n'est pas à un demi-siècle de nous. Que de peines ne se donnèrent point Turgot, Lauragais, Réaumur, pour découvrir les mystères de cette industrie, et la nationaliser en France! Il faut lire un auteur contemporain pour observer dans son singulier langage le degré d'intérêt et de curiosité qu'excitait alors le succès incertain des nouvelles manufactures : « La terre du Limousin, dit-il (plus naïve» ment qu'il n'appartenait à un homme qui vivait du temps » de Voltaire), la terre du Limousin ne parut pas plus tôt » qu'elle subjugua tous les esprits, etc., etc. »

Aujourd'hui, à quelle distance nos produits en ce genre ne laissent-ils pas ceux des fabriques d'Asie qui nous ont servi de modèles; ceux même de cette manufacture royale de Sèvres, dont l'établissement n'exigea pas moins que la puissance et la richesse du gouvernement?

La manufacture de Sèvres, à qui reste la gloire d'avoir fondé cette branche d'industrie, a éprouvé le sort de toutes les entreprises que ne dirigent point le zèle et l'activité de l'intérêt particulier : la routine s'établit et les progrès s'arrêtent. L'exposition de cette année en est la preuve. Je ne parle pas des vases de dimension colossale : j'apprécie peu le mérite des masses fragiles, et je veux que des formes gigantesques soient du moins le garant de leur durée. J'ai vainement cherché les autres produits de la manufacture de Sèvres, je n'ai vu que ceux des fabriques de MM. *Nast*, *Dihl*, *Dagoty*, *Schœler*, *Darthe*, *Cadet-Devaux*, etc.

Notre école de peinture, qui laisse déjà si loin d'elle les maîtres du siècle de Louis XIV, exerce la plus heureuse influence sur tous les arts où le dessin préside, et cette influence se fait particulièrement sentir dans les progrès de nos fabriques de porcelaine, auxquelles sont attachés des peintres dont quelques-uns, tels que M. *Desvignes* et madame *Jacquotot*, ont acquis dans ce genre une très juste célébrité.

Le même écrivain cité plus haut disait encore : « *On assure* qu'il est *possible* d'exécuter sur porcelaine de grands » tableaux. » Quels progrès immenses, depuis la possibilité exprimée dubitativement, jusqu'aux belles productions que nous avons sous les yeux !

Il y a de l'étonnement dans l'admiration qu'on éprouve, à la vue du point de perfection où ce genre de produit est arrivé : on se demande comment des particuliers ont pu retrouver les frais de leurs recherches dans les ventes ordinaires d'un commerce qui expose à des pertes et à des accidens, dont le moindre emporte les bénéfices d'une semaine de travail : cette réflexion m'a été plus particulièrement suggérée par l'examen des ouvrages de premier ordre qu'ont exposés MM. *Schœler, Nast* frères (1), rue des Amandiers; *Cadet-Devaux* et *Dénuelle,* rue de Crussol; *Darthe* frères, au Palais-Royal; *Leclerc,* rue Thévenot; madame veuve *Lalouette,* rue de la Pépinière; et M. *Tharaud,* de Limoges.

Le premier (M. Schœler) a lutté sans désavantage avec tout ce que la manufacture de Sèvres a produit de plus beau dans son meilleur temps : le grand vase, orné de peintures, représentant *Moïse sauvé des eaux*, d'après Le Poussin; d'autres vases où sont représentés *Bélisaire* et *Homère,* d'après Gérard; une plaque formant tableau, d'après Carle Dujardin, et un service de dessert, dont

(1) L'industrie nationale a perdu récemment, dans la personne de M. Nast, père, un des hommes qui l'ont honorée davantage par leurs talens et par leurs vertus.

chaque pièce offre la vue d'un port de France, sont de véritables chefs-d'œuvre, que les amateurs vont encore admirer, après l'exposition, dans le beau magasin de M. *Schœler*, sur le boulevard Italien, au coin de la rue Grange-Batelière.

Parmi beaucoup de morceaux également remarquables par l'élégance des formes, par la finesse de la pâte, par la pureté du dessin et l'harmonie des couleurs, on a distingué les plateaux de la manufacture de MM. *Cadet-Devaux* et *Denuelle*, particulièrement celui où l'on a représenté *la vierge à la chaise* de Raphaël; les colonnes destinées à porter des statues ou des vases, de la fabrique de MM. *Nast*; et un magnifique service à thé, de la fabrique de madame veuve *Lalouette*.

J'ai déjà parlé des pierres de strass et des yeux d'émail qui se trouvaient exposés dans cette galerie; on y voyait aussi un cadre de camées en porcelaine et en cristal. Ces camées peuvent servir à décorer richement et à peu de frais des meubles, des vases et des pendules. M. *Lecomte* avait exposé de très-jolis bijoux en porcelaine, tels que bagues, pendans d'oreilles, flaçons, étuis, cassolettes, qui imitent parfaitement les mêmes objets en métaux émaillés.

CHAPITRE XXI.

De l'esprit de système. — Fabriques de dentelles. — Blondes et tulles. — Madame la marquise d'Argence.

Le malheur des classifications rigoureuses est de n'offrir un ensemble régulier, en apparence, que par des rapprochemens forcés, et aux dépens des parties qui composent le tout. Dans les systèmes de botanique les plus ingénieux, vous trouvez des classes disparates, et de choquantes anomalies; il semble que la nature, pour se venger de la contrainte que la science lui impose, veuille toujours lui échapper par quelque endroit.

Comment, par exemple, eussé-je classé le chapitre des dentelles, dans un traité régulier et complet ? Aurais-je dû le ranger dans l'article du *chanvre et du lin?* Mais plusieurs espèces de dentelles se fabriquent avec la soie ? Devais-je séparer la *blonde* de la *dentelle,* qui n'en diffère que par la matière employée, et rejeter à une grande distance l'une de l'autre deux branches du même tronc? Comment eussé-je satisfait à-la-fois le simple bon sens et l'esprit de système ?

La fabrication des dentelles remonte au XVIe siècle; pendant long-temps certaines provinces en possédèrent le privilége particulier et exclusif. Partout cependant où il y a une grande masse de population à employer, cette industrie peut être appliquée avec succès : elle l'a été dans ces dernières années; et l'industrie, la politique et la morale ont eu également à se louer de cet essai.

De nombreux échantillons de dentelles fabriquées dans les maisons de correction et de charité (ainsi que d'autres ouvrages sortis des mêmes établissemens), prouvent suffisamment que dans plusieurs départemens c'est à un esprit de haine pour toutes les institutions fondées depuis 1792, beaucoup plus qu'à la difficulté de les soutenir, qu'il faut attribuer la suppression de la plupart des dépôts de mendicité : il était tout naturel d'attendre du zèle dévot de certains préfets de 1815 le rétablissement de l'honorable corporation des gueux, ne fût-ce que pour y trouver l'occasion de ces aumônes honteuses, dans le secret desquelles on n'initie pas même ceux qui passent pour en être l'objet. C'est la lèpre des pays catholiques que cette foule de fainéans en guenilles qui fondent leur existence sur le rachat des âmes du purgatoire, et qui surprennent à la pitié les secours que l'on doit à l'honnête misère. Espérons que le succès de la souscription ouverte chez M. Lafitte, député de la Seine, décidera le gouvernement à rétablir, dans tous les départemens où ils ont été supprimés, ces ateliers de travail pour les pauvres valides, dont M. de Pontécoulant, aujourd'hui pair de France, a donné le premier exemple en 1801, dans le ci-devant département de la Dyle, qu'il administrait alors.

Je dois citer avec éloge les dentelles des hospices d'*Arras*, d'*Avranches*, de *Pontorson*, de la fabrique de charité de *Vannes*, des maisons de détention de *Rouen*, de *Gaillon*; ces ouvrages sont loin d'être parfaits, mais les prix en sont modiques. Destinées à orner le simple bavolet des paysannes, toutes peuvent atteindre à ce luxe innocent. On travaille aussi pour les riches dans ces établissemens de pauvres : l'association de charité de *Cherbourg* a exposé deux voiles du prix de 400 fr. chacun.

Si les cartes d'échantillons de M. *Crémière-Cornay*,

de Loudun, n'en faisaient foi, on croirait difficilement qu'on puisse fabriquer des dentelles à 25 cent. l'aune.

En remontant cette échelle dans une proportion inverse, j'indiquerai d'abord les dentelles de M. *de Lamarre*, de Bayeux dont les prix varient de 3 à 27 francs l'aune : celles de M. *Le Boulanger*, de la même ville, s'élèvent jusqu'à 40 fr.

Madame *Michel*, de Saint-Lo; MM. *Assézat-Faure* (du Puy), et la manufacture de *Valogne*, ont exposé des dentelles blanches et noires de très-bonne qualité. J'ai remarqué les dentelles à bouquets de M. *Chenut*, de Nancy, et principalement les dentelles imitant la Malines, de la fabrique de Mad. *Larochette*, de Chatellerault. Mad. *Carpentier*, de Bayeux, a exposé, dans trois armoires, les riches produits de sa fabrique : ses dentelles se distinguent par la finesse, la largeur et le bon goût du dessin.

Les blondes noires et blanches de MM. *Bonnaire*, *Leblond-Lange*, *Lecomte*, de Caen, *Moreau* et *Vendenel*, de Chantilly, ont tour à tour fixé les regards des connaisseurs féminins, et se sont partagé leurs éloges. Un robe en tulle de fil, ornée d'œillets et sans couture, sortant de la fabrique de M. *Tardif* et sœur, de Bayeux, a été l'objet de l'admiration générale. Les dentelles dites point d'Alençon étaient en très-petit nombre.

Les dentelles sont des ouvrages de femmes, et je voudrais que cette branche d'industrie leur fût exclusivement réservée. Celles qui portaient à l'exposition le nom de madame la *marquise d'Argence*, font beaucoup d'honneur au talent de cette dame; mais, en la félicitant de vivre à une époque où l'on peut sans déroger exercer une profession utile, je la plains d'être née dans un temps où l'éducation des marquises était, à quelques égards, plus négligée que ne l'est aujourd'hui celle d'une simple ouvrière. Je me contente, pour le prouver, de transcrire *fidèlement* l'avis que cette dame a cru devoir donner au public :

« *Mad. la marquise d'Argence, par brevet d'invention* » *seul propriétaire et unique inventeur de la filature du* » *lin par la mécanique*, DÉPOS AUJOURS DUY, à la salle d'ex- » position, au Louvre, un échantillon des PRODUI de son » PROSEDÉ ; le 12 août 1819. »

Ces produits (orthographe à part) sont des fils de tulle, de dentelle, et des tissus faits avec ces mêmes fils, d'une assez belle qualité, pour justifier le soin que prend cette dame d'annoncer au public qu'elle demeure sur le boulevard des Invalides, n° 29.

CHAPITRE XXII.

Coup d'œil historique sur la soie. — Étoffes de soie. — Velours de soie, etc., etc.

Le monde, quoi qu'on en dise, doit quelque chose aux moines; ce sont eux qui, chargés par Justinien de découvrir le secret, jusqu'alors inconnu, de la fabrication de la soie (1), répandirent dans l'ancien hémisphère l'usage de cette substance si précieuse et si brillante.

Avant le ve siècle, tout ce qui regardait la soie était mystérieux; les académiciens avaient bâti plus d'un système explicatif de la naissance et de la beauté de ce fil délié, souple, fort et éclatant. Suivant les uns, c'était le fruit

---

(1) *V*. Procope.

des entrailles d'une petite araignée; suivant d'autres, c'était une condensation des vapeurs de l'atmosphère. Le luxe, la rareté, la superstition concoururent à donner un prix singulier et une valeur énorme à la soie; long-temps une livre de soie se paya une livre d'or : les plus prodigues et les plus insensés des affranchis se firent faire des vêtemens de soie; et le petit nombre de Romains qui gardaient encore le souvenir des vertus austères de la république, dédaignèrent une étoffe devenue le signe et l'apanage du luxe et de la débauche.

Héliogabale ne portait que de la soie. Trajan et Marc-Aurèle refusèrent toujours les chlamydes de soie que leur offraient les peuples vaincus. Aurélien, à qui l'impératrice sa femme demandait instamment une robe de cette matière, lui répondit : « Jupiter me préserve de donner » tant d'or pour si peu de fil ! »

Un petit ver de peu d'apparence et d'une vie courte, renferme dans son sein une source de richesses inappréciables. Des manufactures de soie ont jeté l'opulence en Italie, en Sicile, en Espagne, dans la Calabre, dans la Grèce et dans les provinces méridionales de la France. La soie a fourni à la peinture de riches nuances et des effets inconnus jusqu'alors.

C'est en Chine que se trouvent les vers qui produisent la soie la plus fine. Les soies du Piémont, de Bologne, de Bergame, de Valence en Espagne, en approchent assez; les soies françaises, moins légères, l'emportent sur ces dernières pour le nerf et pour l'éclat.

Cette branche si féconde et si productive de notre industrie, n'a présenté au Louvre qu'une très-petite partie de ses richesses; il est probable que l'éloignement des manufactures, l'extrême délicatesse des étoffes de soie, auront fait craindre à la plupart des fabricans les inconvéniens du voyage.

On avait compté, à l'exposition de 1806, douze concurrens pour le seul article du tulle : cette année il ne s'en est trouvé qu'un seul, M. *Bonnard*, de Lyon (1); mais il est vrai d'ajouter que ses produits surpassent en finesse tout ce qui a été fait en ce genre, dans aucun pays : je ne pense pas qu'on puisse aller plus loin. Ce point de perfection est le résultat d'un nouveau moyen de filer le cocon, et de retordre la soie par une même opération. Ce mécanisme, de l'invention de M. Bonnard, est de la plus haute importance pour toutes les fabriques d'étoffes de soie, puisqu'il a sur les anciens procédés l'inappréciable avantage de filer beaucoup plus fin, de faire avec dix-neuf livres de cocons la même quantité de soie qu'on en ferait avec vingt par l'ancienne méthode, et de supprimer plusieurs mains d'œuvre qui toutes occasionent des déchets considérables.

Parmi les nombreux échantillons de soie grège, jaune et blanche, et de soie filée blanche et nankin, j'ai remarqué plus particulièrement les *mateaux* de soie organsée et les *flottes* de soie grège de MM. *Bernard* frères de Draguignan; *Lafarge*, de Privas; de madame la marquise de *Villeneuve*, de Valbourgis (Var); de MM. *Chambon*, d'Alais; *Brest* fils, de Roquevaire (Rouches-du-Rhône), et *Baron* frères, de Nîmes. M. *Audibert de Tonnilles* (Bouches-du-Rhône) a exposé de la soie et des cocons provenant de graine de la Chine; je ne pense pas qu'ils aient aucune supériorité sur les produits purement indigènes.

En passant de l'examen de la matière première à celui

---

(1) Son magasin est à Paris, rue de la Grande-Truanderie, n° 54.

des tissus, on a pu remarquer les crêpes et les organsins de MM. *Chartron* de Saint-Vallier (Drôme); *Bans* et *Ras-Maupas*, de Lyon; les étoffes pour meubles et tentures de MM. Frédéric *Pillet* et *Viollet-Le-Tort*, de Tours. Dans ces dernières étoffes, les fleurs ou dessins d'ornement sont peut-être plus riches en jaune; mais leur effet en blanc m'a paru plus agréable, particulièrement sur les fonds bleu clair.

M. *Chouard* de Lyon a orné ses étoffes de tableaux brochées, dans l'étoffe même, par un procédé nouveau. J'ignore quel rapport ce procédé peut avoir avec celui qu'emploie M. *Grégoire*, fabricant de velours à Paris, rue Charonne, dont les tableaux se forment également par l'opération du tissage.

Les plus riches étoffes en soie pour meubles, qui aient été exposées, sortent de la fabrique de MM. *Gérard* frères de Lyon. On doit regretter que l'art du dessin continue à rester étranger à la fabrication de ces tentures, où tout paraît encore sacrifié à la seule ostentation d'un luxe de mauvais goût : ce sont toujours de lourdes arabesques, des figures bizarres d'une maussade uniformité; en un mot, de modernes antiquailles. Pourquoi nos manufacturiers de Lyon sont-ils les derniers à sortir de l'ornière? Je leur conseille, pour leur intérêt, et au risque de passer pour libéraux, de prendre le chemin des arts, c'est celui de la fortune; et MM. *Grand*, *Pillet*, *Le Tort* et *Chouard* sont trop habiles pour ne pas donner l'exemple à leurs confrères.

On doit à M. *Despouilly*, de Lyon, des crêpes façon de Chine, des schals de bourre de soie et des velours simulés de diverses couleurs, dont les dessins et les bordures sont du meilleur goût.

Les peluches et les plumes de soie de MM. *Roux*, *Ollat*

et *Desverney*, de Lyon, imitent parfaitement les fourrures en peau, et sont d'un prix bien inférieur.

C'est principalement dans les satins rose et blanc de M. *Bouvard*, dans les velours de soie de MM. *Maillé*, *Seguin*, et *Guerin-Philippon*, que se retrouvent tout l'éclat, toute la beauté, toute l'élégance des manufactures de soie de la seconde ville de France; il est difficile de rien imaginer de plus noble, de plus riche, je dirais presque de plus resplendissant, que ces admirables tissus, dont l'imitation n'a jamais approché, dans aucun pays du monde.

Les bas de soie de Paris ont une vieille réputation de supériorité que ceux de M. *Darche*, rue du Bac, sont faits pour soutenir. M. *Dubort* en a exposé plusieurs paires d'un travail exquis; cependant les fabriques de bas de soie de MM. *Lauréat-Meyriceis*, de Ganges (Hérault), et *Vallard*, de Moulin, peuvent, à en juger par leurs produits exposés, soutenir la concurrence avec celles de la capitale.

CHAPITRE XXIII.

Meubles. — Berceaux, secrétaires, commodes, etc. — Bois indigènes. — Menuiserie et ébénisterie. — Ameublement des temps héroïques.

La première qualité d'un meuble c'est, sans contredit, d'être commode, et propre avant tout à l'usage auquel il est destiné : c'est pour m'asseoir que j'achète un fauteuil; si je ne trouve d'appui ni pour mon dos ni pour mes bras, si je ne puis me pencher d'aucun côté sans trouver un contour qui me repousse ou un angle qui me blesse, vous aurez beau me vanter sa forme taillée en lyre, ses pieds de biche et ses bras en col de cygne, tout ami de l'attique que je suis, je pourrais bien donner la préférence à la bergère d'autrefois. La perfection, dans tous les arts, est de réunir la grâce à l'utilité; c'est à ce but que visent depuis quelques années nos fabricans de meubles, et ils sont tout près de l'atteindre.

En fait de meubles, commençons par celui dont la créature humaine éprouve le premier besoin. Le joli berceau sorti des ateliers de M. Duval est le produit d'une idée très-romantique : ce berceau sous la forme d'une barque retenue par deux ancres, balancé sur les vagues, dont la voile forme le rideau, compose une allégorie matérielle dont l'esprit et le goût sont également satisfaits; mais l'artiste me semble avoir abusé de la métaphore, quand il a entouré son berceau d'écueils qui en défendent l'approche au point de ne pas permettre à la nourrice aux plus longs bras d'y déposer ou d'y prendre son nourrisson. Trop d'esprit, M. Duval, trop d'esprit ! surtout dans la description poétique que vous nous avez donnée vous-même de votre berceau-nacelle; cette énigme m'a rappelé celle de M. Lucet, et le conseil que Voltaire donne à maître André. A cela près, les ornemens de ce berceau sont ciselés avec beaucoup d'élégance; je n'y voudrais qu'un peu plus de légèreté dans les formes.

Un autre berceau, d'un goût plus simple, a été exposé par MM. *Denière* et *Mathelin*, fabricans de bronze, rue Vivienne. Les ciselures sont de M. *Rogniat*, et font beaucoup d'honneur à son talent. Une couverture précieuse, tissue avec le doux poil de la chèvre de Cachemire, achève de rendre ce meuble digne de figurer dans le palais des rois.

J'ai déjà dit un mot des meubles en bois indigène de M. *Werner*, tapissier-décorateur, rue de Grenelle-Saint-Germain. Cet artiste (ce nom appartient à tous ceux qui créent ou perfectionnent une branche d'industrie) a mis en réputation les bois français, et particulièrement le frêne. Il a démontré, en l'employant à la fabrication de toute espèce de meubles, que ce bois a plus d'égalité que l'acajou; que son poli se conserve mieux; qu'il est susceptible d'une plus grande variété d'accidens, et qu'il prend facilement la teinte inaltérable des étoffes dont on le revêt.

MM. *Levacher*, rue Grange-Batelière, *Bodson*, rue Grange-aux-Belles, et plusieurs autres ébénistes, n'ont pas tiré un parti moins heureux des bois indigènes, et tout porte à croire que nous avons trouvé dans nos propres forêts l'équivalent des bois que nous allions chercher à grands frais dans celles d'Amérique et d'Amboine.

Il est difficile d'imaginer de plus beaux meubles, que ce bonheur-du-jour, exposé par M. *Vacher;* cette armoire, ces secrétaires à colonnes, à cylindre, cette armoire recouverte d'une glace, d'un travail admirable, et dont le prix n'est porté qu'à 1600 fr.

Les ouvrages de menuiserie et d'ébénisterie de MM. *Puteaux*, rue Taranne; *Raymond*, rue des Champs-Élysées; *Sagstète*, de Limoges, m'ont semblé portés extérieurement au plus haut degré de perfection; je dis extérieurement, parce que j'ai cru remarquer que les parties du travail qui ne frappent pas les yeux sont trop souvent négligées dans les meubles les plus précieux. Telle commode, telle chiffonnière, où l'acajou, le citronnier et l'ébène, polis, nuancés comme le marbre, brillent sous les formes les plus élégantes, se compose à l'intérieur de tiroirs de sapins, si grossièrement travaillés, qu'on a de la peine à les faire glisser dans leurs rainures.

Ces défauts ne se trouvent pas dans les meubles sortis des ateliers de M. *Jacob Desmalter*, si j'en juge du moins par ceux que j'ai plus particulièrement examinés. De ce nombre sont un grand bureau mécanique, tout en bois d'orme, dont l'intérieur est en érable; une petite bibliothéque en frêne, et un meuble en bois d'Amboine, appartenant à madame la duchesse d'Orléans. Le même fabricant a exposé deux candélabres en bois, exécutés d'après l'antique, et dorés avec tant d'art, qu'au poids seul on peut reconnaître qu'ils ne sont pas en métal.

M. *Bodson* a fixé l'attention publique sur une table ronde, formée d'une glace où sont peints et gravés des sujets allégoriques qui prouvent que, dans cet artiste, le talent a pour auxiliaire cette patience, ce *labor improbus* qui ne connaît point de difficultés insurmontables.

A ces beaux meubles, qui réunissent la grâce moderne et les formes nobles de l'époque des Phidias et des Scopas; à ces surfaces nuancées et polies; à ces richesses de la sculpture et de l'architecture, destinées à orner le boudoir des femmes et le cabinet des savans; à ces produits brillans de la civilisation la plus haute, opposons l'ameublement des premiers siècles : rapprochons ainsi les deux extrémités de la chaîne de l'industrie, et jetons un coup d'œil sur l'intérieur d'une maison grecque, avant la naissance de ces arts, dont nous venons d'admirer les derniers fruits.

Une chambre vaste et carrée reçoit le jour d'une fenêtre oblongue sans vitres; des peaux de chevreuil sont suspendues à l'entour. On y voit des siéges sans bras, en forme de trône, ornés d'un marchepied (1), couverts de

(1) *Feith.*, Antiq. Hom., l. 3., c. 2.

pelleteries chez les grands, drapées d'étoffes de pourpre chez les rois (1), souvent enrichis d'or mat, d'ivoire, et d'ambre incrustés (2). Le lit est une couchette sanglée, sans pavillons, sans rideaux, contenant de molles peaux de bêtes et des coussins remplis de la plume des oiseaux (3). Au milieu de la chambre un vaste trépied d'une forme simple reçoit l'encens que les femmes y jettent (4); et quelques cuvettes en terre blanche, premiers essais de l'art, élégans dans leur simplicité, sont distribuées autour de la salle (5). Ainsi vivaient Hector, Homère, Hésiode et les premiers Grecs.

CHAPITRE XXIV.

Meubles; suite. — Bronzes. — MM. Galle et Ravrio. — Vases, lustres, candélabres. — Cheminées. — Poêles.

La tradition et les cabinets des curieux nous apprennent de quels ornemens riches et futiles, contournés et ridicules, nos vénérables aïeux décoraient leurs appartemens. Le mauvais goût est frère des mauvaises mœurs : les institutions serviles enfantent la corruption dans les arts; les belles formes et les ornemens d'un style grandiose se sont montrés chez nous, dès que la révélation de quelques

---

(1) Homère, *Iliad.*. l. 9, 10, 24.
(2) Id., *Odyss.*, l. 4.
(3) *Feith.*, l. 3, c. 8.
(4) *Iliad.*, l. 9.
(5) *Ib.*, l. 23.

hautes vérités politiques nous a instruits de notre dignité d'hommes; de beaux vases et des figures élégantes ont orné nos cheminées et nos salons : des bronzes antiques ont remplacé les magots ignobles et les bergers de boudoir.

Dans le noble concours ouvert en France aux arts industriels, le bronze est l'un des produits de notre industrie qui ont jeté le plus d'éclat.

Je ne perdrai pas cette occasion de rendre un nouvel hommage à la mémoire d'un homme, non moins recommandable par les qualités de son cœur et de son esprit, que par les services importans qu'il a rendus à l'une des principales branches de l'industrie nationale : je veux parler de M. *Ravrio*, qui a trouvé un si digne successeur dans la personne de M. *Lenoir*, son élève et son ami.

Doué d'un goût exquis, dessinateur habile, et nourri des études de l'antique, M. Ravrio a contribué plus qu'aucun autre (1) à amener les bronzes à ce degré de supé-

---

(1) Quand ce chapitre fut, pour la première fois, publié dans un journal (*la Renommée*), l'expression de mon regret envers M. Ravrio, parut, au fils de l'un des rivaux de cet artiste, exclusive et peut-être exagérée. La lettre suivante, que m'écrivit M. Galle fils, chevalier de la Légion-d'Honneur (rue de Colbert, n° 1), fut aussitôt insérée dans le même journal; je devais cette justice et à l'impartialité qui guidait ma plume, et au sentiment honorable qui avait dicté la lettre.

« *Vous avancez, Monsieur, dans votre article d'avant-hier, sur les produits de l'industrie nationale, que M. Ravrio a contribué*, plus qu'aucun autre, *à la prospérité de nos fabriques de bronzes dorés. Je ne prétends point nier les services que M. Ravrio a pu rendre à l'art du fondeur et du ciseleur; le sentiment qui a fait payer à sa mémoire ce tribut d'amitié me parait tout-à-fait respectable : je viens réclamer,*

riorité qui rend aujourd'hui toutes les nations civilisées du monde, tributaires de la France pour cette branche d'industrie commerciale. Ce ne fut pas assez pour cet excellent homme d'avoir tout sacrifié au perfectionnement de son art; il voulut garantir ceux qui l'exercent des dangers auxquels il les expose. Tel est le but philanthropique du prix qu'a fondé M. Ravrio, et dont les heureux résultats obtenus pour les doreurs, s'étendront bientôt, grâce à la persévérance du savant Darcet, à beaucoup d'autres professions également pernicieuses à la santé de l'ouvrier, par l'imperfection des procédés qu'on y emploie.

M. Lenoir soutient avec distinction la célébrité du nom de Ravrio, qu'il a joint au sien; on imaginerait difficilement quelque chose de plus parfait, en ce genre, que le surtout pour une table ronde de trente-six couverts; le génie ailé supportant un lustre; les vases de forme étrusque, les candélabres et le faune du Capitole, qu'il a mis au concours, et qui lui ont mérité la médaille.

On doit à M. *Galle*, rue de Colbert, des candélabres

---

pour la mémoire de mon père, la portion d'éloges que lui ont méritée des travaux du même genre. La plupart des journaux qui ont parlé des immenses progrès de cette branche d'industrie paraissent avoir oublié trop tôt qu'on en est en grande partie redevable aux perfectionnemens introduits par les soins et les efforts de M. Galle, que les ouvriers appelaient, dans leur naïf langage, le père du bronze. *Quoique porté, par des circonstances imprévues, à exercer la profession qu'ont honorée ses talens, c'est moins pour attirer l'attention sur moi, que pour acquitter la dette de mon cœur, que je vous prie d'accueillir ma réclamation.*

» *Recevez, etc.* GALLE. »

d'un beau travail, dont l'un représente Mercure, et l'autre Zéphire; des génies ailés, et une cheminée complète, composée de vingt pièces différentes, du prix de 15,000 fr.

Les vases en bronze, ornés de bas-reliefs, quelques statues d'après l'antique, mais principalement les deux chevaux de Coustou, la Renommée et la Victoire, d'après les modèles achetés d'un héritier de l'auteur, placent le nom de M. *Feucher* (que je ne trouve pas sur le catalogue) parmi ceux des artistes en bronze qui se sont le plus honorablement distingués.

Les bronzes exécutés par M. *Damerat* méritent une attention particulière; on y reconnait le burin de celui qui a exécuté en partie, et qui a conduit tous les travaux en bronze de la colonne triomphale de la place Vendôme.

Les meubles les plus précieux sont sortis des magasins de M. *Thomire;* mais je dois ajouter que la matière est au dessus de l'ouvrage : cette vaste coupe, cette table immense, ce grand vase en malachite n'ont eu besoin que d'être taillés et polis; la nature est ici le principal ouvrier.

Descendre de ces miracles du luxe oriental à ceux de l'économie bourgeoise, c'est tomber, comme Apollon, des hauteurs de l'Olympe dans la grange d'un laboureur; mais je suis là dans mon élément. Je ne terminerai donc pas ce chapitre sans recommander aux femmes et aux *hommes* de ménage, aux pères et mères de famille qui ont beaucoup d'enfans à réchauffer pendant la froide saison, les cheminées-poêles de MM. *Bigel*, *Thiel* et *Hoefinger* de Bordeaux : leurs cheminées mécaniques en tôle sont également propres à brûler du bois et du charbon de terre; une petite quantité de combustible suffit pour les échauffer.

Il est assez bizarre d'observer que ces cheminées-poêles, adoptées de nouveau par notre économie domestique, étaient précisément les cheminées les plus usitées chez les Romains, qui s'en servaient pour chauffer leurs étuves et des appartemens tout entiers.

On peut se procurer chez M. *Kiel*, rue Saint-Honoré, des cheminées en tôle de 100 à 200 fr., qui n'offrent ni moins d'économie ni moins d'avantage que celles de M. Hoefinger. Les cheminées-poêles de M. Bigel présentent une plus grande variété de formes et de prix. Les plus communes ne coûtent que 20 écus; les plus belles valent 8, 900, et même jusqu'à 1000 fr.

CHAPITRE XXV.

Coup d'œil sur l'histoire de l'horlogerie. — Diverses machines, pour mesurer le temps.

Une histoire complète de l'horlogerie ferait plus d'honneur à l'esprit humain. que l'histoire de toutes les académies du monde.

C'est une merveilleuse création, sans doute, qu'une horloge : cette machine qui renferme en elle-même le principe de son mouvement et de sa vie, mesure le temps, saisit pour ainsi dire, et suit, dans sa marche rapide, cet être idéal qui ne nous est connu que par la succession des impressions qu'il laisse; cette machine, dont les usages innombrables ressemblent aux effets d'un talisman magique; qui détermine le degré de vitesse de la course d'un cheval, du vol d'un oiseau, le nombre des tours de roue, des coups de rames, de piston, de marteau, de lime; la marche d'un vaisseau, les évolutions d'une armée : à laquelle les plus grandes découvertes en astronomie ont été dues : indispensable dans la marine, utile dans la guerre, dans la musique, dans la physique, dans la chimie, dans toutes les sciences et dans tous les arts, qui veulent une mesure exacte du temps, et une précision rigoureuse. Oui, c'est un véritable prodige, que cette invention purement mécanique, devenue chez les modernes la régulatrice de la vie civile.

Tantôt une grossière horloge, du haut du clocher de village qui la porte, adresse la parole à une population nombreuse; c'est elle qui, à des espaces égaux, avertit les citoyens de leurs travaux et de leurs devoirs. Elle veille toujours : au milieu de la nuit, elle indique l'instant précis où le breuvage salutaire doit être présenté au malade; elle convoque les hommes et les invite à discuter les grands intérêts sociaux, ou à se rassembler dans le lieu saint : elle sonne l'heure de la prière, de la naissance et de la mort; sa voix solennelle, et toujours égale, semble dire aux citoyens que la vie est courte, que le passé n'est plus, que l'avenir s'avance, que la patrie et la vertu réclament leurs instans.

Tantôt un petit prodige, caché dans les vêtemens de l'homme, toujours agité, exposé à une infinité d'accidens, composé d'une multitude de pièces, bat en vingt-quatre heures quatre cent mille coups égaux (1), et règle les affaires et les plaisirs de l'habitant de la ville. Au premier aspect d'une montre, les Chinois la regardèrent comme un être surnaturel et vivant; ils placèrent des gardes au-

(1) Voy. *Traité de l'horlogerie*, par Lepaute.

près d'elle, comme s'ils eussent craint qu'elle ne leur échappât (1). C'est à l'horlogerie surtout que l'on doit appliquer ce mot de Fontenelle : « Bien des choses sont » sous nos yeux, sans que nous les voyions; il leur manque » des spectateurs. Rien ne serait plus merveilleux pour » qui saurait en être étonné. »

Les ombres projetées par les arbres des forêts et par le faîte des édifices, furent les premiers gnomons dont se servirent les hommes, pour déterminer la mesure du temps par la marche du soleil. On connaît l'horloge d'Achaz et le cadran solaire de Papirius Cursor. A Rome, quand les rayons de l'astre frappaient une plaque de cuivre placée entre la tribune aux harangues et le *græco-stasis*, un héraut montait à la tribune, et proclamait que le milieu de la journée était venu. L'obélisque d'Auguste, que l'on voit encore dans la Ville éternelle, n'était qu'un gnomon élevé par Sesostris, quinze cent soixante-dix ans avant Jésus-Christ.

Le gnomon de Cassini, à Bologne, celui de Florence, celui de Tonnerre, etc., sont les plus exactes et les plus récentes de ces horloges monumentales.

Parlerons-nous des diverses et nombreuses méthodes (2) employées par les anciens peuples pour mesurer le temps ? Tantôt plusieurs vases, percés régulièrement, et placés les uns au-dessus des autres, se transmettaient le liquide, et indiquaient la fuite des heures par sa chute égale et continuelle. Tantôt le sable remplissait le même but. Des roues, des globes, des machines furent mises en usage tour à tour, pour marquer avec quelque précision la division du

(1) Voy. *Lettres édifiantes;* le P. Trigault.

(2) V. Vitruve.

temps; précision bien difficile à atteindre par ces méthodes. Ce ne fut qu'après les plus inutiles et les plus nombreux essais, que les mathématiciens de Rome et d'Alexandrie parvinrent à donner un peu d'exactitude à ces horloges imparfaites.

Le premier germe de l'horlogerie mécanique fut jeté au XIVe siècle; on imagina d'abord de remplacer les clepsydres *à renversement* par les clepsydres *à roue*. Ensuite on partit de là, pour exécuter un rouage intérieur auquel on ajouta bientôt le balancier; et, par la progression lente de plusieurs améliorations successives, l'horlogerie mécanique se trouva inventée. Walingford, Gerbert, Regiomontanus se disputent l'honneur de la découverte. On peut croire que chacun d'eux a droit à quelque part de gloire. Mais doit-on attribuer à un seul de ces hommes une conception si forte, si belle, si compliquée, si féconde?

Bientôt la sonnerie, la pendule, la répétition, le ressort spiral, les horloges nautiques et planétaires ajoutèrent leurs merveilles aux premières merveilles de cette invention. Les Leroy, les Berthoud, les Janvier, les Breguet, parurent; des découvertes de toute espèce perfectionnèrent une si admirable industrie. Plus exacts dans leurs travaux que le soleil même dans sa course, les horlogers firent mentir le vers de Virgile :

Solem quis dicere falsum
Audeat?

et purent, avec un juste orgueil, prendre pour leur devise une pendule à secondes, avec ces mots : *Solis mendaces arguit horas* (1).

---

(1) *Ils convainquent d'erreur le soleil lui-même*. C'est en effet la devise des horlogers de Paris.

Que de prodiges dans le développement de cette industrie! Quels rapprochemens ingénieux! Quelle suite de combinaisons de génie!

Trouver la mesure du temps dans l'ombre du soleil; suppléer ensuite à l'absence de l'astre par les clepsydres mouvantes; suppléer à l'imperfection des clepsydres par un mécanisme simple, admirable; après avoir donné au temps un corps et une marche visibles, lui donner une voix par la sonnerie; rendre, par l'application d'un pendule, la mesure du temps tellement exacte, qu'elle ne varie point d'une seconde en vingt-quatre heures; enfin renfermer une sonnerie parfaite dans une montre d'une dimension infiniment petite; appliquer les horloges à l'art de la navigation, à la musique, à la stratégie, etc. : qui ne serait saisi d'une vive admiration devant ce beau développement des facultés humaines, devant cette foule de prodiges opérés par la lente et graduelle application de l'intelligence et de l'adresse, aux besoins et aux plaisirs de l'homme?

Ce beau sujet m'a peut-être entraîné trop loin; je me hâte de revenir à l'exposition de 1819, et aux produits de l'horlogerie française actuelle.

CHAPITRE XXVI.

Suite de l'horlogerie. — MM. Lepaute, Breguet, Wagner, etc. — Chronomètre français.

C'est au Hollandais Huygens que l'Europe est redevable des horloges à pendule : aujourd'hui l'horlogerie française est la première de l'Europe, et par conséquent du monde; entre les mains des *Breguet*, des *Lepaute*, des *Ber-*

thoud, des *Janvier*, des *Robin*, elle s'est élevée à la hauteur des science exactes, dont elle est devenue l'indispensable auxiliaire.

Cette supériorité de l'horlogerie française ne date que de la seconde moitié du XVIIIe siècle. Nos artistes découragés par l'arbitraire, l'industrie étouffée par l'édit de Nantes, les soins constans de l'Angleterre pour s'emparer de nos bons ouvriers, nous laissèrent depuis 1600 dans une infériorité remarquable en ce genre, surtout si on la compare à l'état florissant de notre horlogerie au XVe siècle. En vain le régent, en vain le maréchal de Noailles, voulurent-ils créer des manufactures : ce ne fut que vers le commencement de la révolution que cette précieuse branche des arts mécaniques redevint toute française.

Je ne m'occuperai pas d'abord des belles horloges des Lepaute et des Leroy. Plus modestes, mais d'un usage non moins utile, les horloges en bois dont MM. *Jupey* frères, de Riancourt, ont exposé des modèles, les grosses horloges de clocher, à l'instar de celles de M. *Wagner*, sont les premières dont je ferai mention. On peut leur appliquer le mot spirituel de l'abbé Desmarets, sur une femme que la nature n'avait pas favorisée : *Pretiosior ab intùs* : « Son plus grand prix lui vient du dedans. » Ces machines ingénieuses sont plus répandues dans les campagnes des pays étrangers qu'elles ne le sont en France, où la plupart des clochers de village manquent encore d'horloge. Si nos bons villageois employaient à cet usage l'argent qu'ils dépensent en chapelets et en scapulaires, ils apprendraient à mieux connaître le prix du temps, et sauraient que l'emploi le plus agréable à Dieu qu'on en puisse faire, est celui que l'on passe au travail.

M. Wagner a prouvé que l'on pouvait, sans beaucoup augmenter la dépense, donner une plus grande perfection à ces pendules. Sa grande horloge publique marche huit jours de suite, au moyen d'un poids de trois livres, et sonne l'heure, la demie et les quarts, sur trois cloches; elle indique même le temps *vrai* et le temps *moyen*, espèce de luxe pour les gens de campagne, mais qui peut néanmoins devenir utile en excitant en eux le désir de connaître en quoi l'un diffère de l'autre, chose bonne à apprendre et facile à expliquer.

M. Wagner a exposé des engrenages pour les machines à filature, qui prouvent avec quel art merveilleux il est parvenu à tailler le cuivre, et à faire céder les métaux les plus durs à la puissance des outils qu'il emploie.

M. *Hartmann*, rue Ticquetonne, a exposé de très-belles pendules : l'une du prix de 3,500 fr., et l'autre évaluée à 5,000 fr.; le prix en est justifié par le fini des pièces, le nombre des cadrans, la variété des indications et la précision des mouvemens.

Les pendules et les divers instrumens d'horlogerie de M. *Destigny*, de Rouen, ne m'ont paru inférieurs aux ouvrages de M. Hartmann, ni pour la précision, ni pour le fini du travail.

Je dois en dire autant de ceux de MM. *Duchemin*, quai de l'Horloge, et *Bordier*, rue Saint-Sauveur. Le premier a exposé des montres et des sondes marines. Parmi les pendules de M. Bordier, j'en ai remarqué deux avec un jeu de flute et de piano : l'une en forme de temple, dans lequel tourne un globe terrestre, qui achève sa révolution en vingt-quatre heures, et montre, par un seul mouvement, l'heure qu'il est en même temps dans les quatre parties du monde; une autre pendule scientifique, à balancier de compensation, avec pyromètre; enfin une pendule astronomique, qui marche un an sans être remontée. Je ne sais si M. Bordier n'est pas aussi l'auteur d'un vase mécanique où chante un colibri au moment où l'heure sonne.... On m'apprend que cette jolie mécanique est de M. *Vaillant*. Je me hâte de la lui restituer : *suum cuique*.

Félicitons MM. Bordier, Duchemin et Vaillant de n'être pas nés vers l'an de grâce 1300 ou 1350 : ils auraient certainement été pris pour des sorciers; et si la Sorbonne s'était contentée de leur faire crever les yeux (comme il arriva aux auteurs de plusieurs horloges mécaniques, dont parlent Schott et Leo Allatius), au lieu de les faire rôtir, ainsi qu'il arriva à certains autres, ils auraient dû s'estimer fort heureux. Il est vrai que les merveilles du XIVe siècle avaient quelque chose de plus surnaturel peut-être que celles de notre exposition. Ici, c'était la vierge Marie qui faisait la procession avec les mages et les apôtres; là, c'était le Père Éternel qui donnait sa bénédiction aux paysans; ailleurs, des monarques, des amours, des dieux, des anges se prosternant devant le roi. La plus curieuse, sans doute, de ces anciennes horloges, était celle de Saint-Albans, exécutée par le bénédictin Walingford, au commencement du XIVe siècle, et qui fut pour lui le sujet d'un excellent calembourg, le seul, peut-être, qui ait jamais réuni au très-petit mérite du jeu de mots, celui de la profondeur et de la justesse. Il donna pour épigraphe à son horloge, et pour titre à l'ouvrage qu'il composa pour l'expliquer, le mot *Albi-on*, qui était en même temps une allusion patriotique et une explication de son mécanisme : *All-by-one, tout par un seul moteur* (1).

M. *Paveret*, de Jussey (Haute-Saône), a inventé une machine cylindrique, propre à faire les engrenages, les échappemens, et à tourner les pivots : j'en ai entendu fai-

(1) *Voy*. le Catalogue de la Bibliothéque Bodleienne.

re les plus grands éloges par les hommes de l'art; je me borne à les répéter.

La montre astronomique de M. *Berguiller*, horloger, rue du Petit-Lion-Saint-Sauveur, indique les heures du temps vrai et du temps moyen; celle qu'il est au même instant, à toutes les longitudes, dans onze capitales de l'Europe, trois d'Asie, quatre d'Afrique et quatre d'Amérique; les mois, les quantièmes, la déclinaison du soleil, les phases de la lune, les heures de son lever, de son coucher, de son passage au méridien; l'heure et la force des marées; la longueur des jours et des nuits; les signes du zodiaque; enfin les degrés de chaleur et de froid d'après la division de Réaumur. Le même ressort met en mouvement tous ces rouages. Cette montre bat la demi-seconde par échappement, à force courante, avec une précision telle qu'elle ne peut varier. C'est, je crois, la première montre de ce genre qui ait été construite.

Une pendule de M. *Pecqueur*, chef des ateliers du Conservatoire des arts et métiers, marque sur deux cadrans jusqu'aux secondes du temps sidéral et du temps moyen qu'elle indique; il faut lire, dans la description qu'en a donnée l'auteur lui-même, par quels savans calculs, quelles ingénieuses combinaisons, il est parvenu à obtenir d'une roue de 53 dents, des effets qui, d'après les procédés ordinaires, auraient exigé l'emploi d'une roue de 49,182 dents.

Une pendule à équation et à remontoir nouveau, qui agit à chaque seconde, de M. *Roy*; deux montres marines de MM. *Berthoud* frères, une pendule astronomique de M. *Robin*, et plusieurs pièces d'horlogerie de M. *Lepaute* fils, suffiraient à la réputation de ces artistes habiles, désormais sans rivaux en Europe.

Celui des ouvrages de M. Lepaute qui a plus particulièrement fixé mon attention, est l'horloge destinée à la maison royale de Compiégue. Cette horloge se remonte par l'application d'un remontoir d'égalité, de l'invention de M. Lepaute. Ce remontoir opère quatre fois par minute : je n'ai pu parvenir à m'expliquer cet ingénieux mécanisme.

Nommer *Breguet*, c'est annoncer des perfectionnemens obtenus par le concours du génie qui invente, de la science qui calcule, de l'observation qui compose, et de l'art qui exécute. Déjà l'on s'était aperçu que plusieurs horloges à pendules, placées sur le même support, s'influençaient réciproquement; et cet effet était vaguement attribué au mouvement de l'air, déplacé par les lentilles. M. Breguet a reconnu, par des expériences, que le déplacement de l'air n'avait pas d'effet appréciable, et que l'influence du pendule d'une horloge sur le pendule d'une autre horloge ayant un support commun, provenait du seul ébranlement qu'ils y produisent : cette découverte le conduisit à faire servir l'influence réciproque de deux horloges à la régularité de leur marche. Sur ce principe il a construit une horloge astronomique à deux pendules régulateurs, suspendue à un même bras de cuivre fondu.

Chaque pendule est mise en mouvement par un rouage différent, et marque l'heure, la minute et la seconde, sur un cadran séparé. Par ce moyen, les légères anomalies de l'un des pendules se trouvent incessamment corrigées par les oscillations de l'autre, et il en résulte le plus haut degré d'exactitude que l'on ait encore obtenu dans l'art de mesurer le temps. Cette régularité est telle qu'une montre à mouvement double, dans une même boîte, a été pendant trois mois entre les mains de MM. Bouvard et Arago, membres du bureau des longitudes, sans que les deux aiguilles de seconde ait différé d'un seul battement.

M. Breguet a exposé une montre marine marchant huit jours, dans laquelle la chaîne, le ressort auxiliaire, le double encliquetage, en un mot, tout le mécanisme de la fusée est remplacé par deux barillets dentés, et agissant en sens inverse. Ce moyen, qui prévient une foule de causes d'arrêts et d'inégalités, rend la force motrice tout-à-fait élastique.

Cet habile horloger a désormais atteint la haute de son art : on lui doit l'invention des pendules de voyage à répétition et à réveil; le *compteur militaire*, instrument en forme de montre, destiné à régler le pas de la troupe, en donnant à volonté depuis 60 jusqu'à 120 pas par minute; et un thermomètre métallique composé de trois lames, en platine, en or, en argent, dont chacune n'a qu'un quarante-huitième de ligne d'épaisseur. L'extrême sensibilité de ce thermomètre lui donne sur tous les autres une incontestable supériorité.

Je me suis arrêté, comme tous les curieux, devant le chronomètre français, dont M. *Pescher* est l'inventeur. Cet instrument miraculeux, au premier aspect, présente une aiguille en cristal, retenue au centre d'un cadran vertical en glace, à la circonférence duquel les heures sont marquées : cette aiguille ne reçoit son mouvement d'aucune force motrice extérieure, et semble renfermer en elle même le principe de sa marche; elle a cette singulière propriété, que, si on la dirige vers un autre point que celui qu'elle doit indiquer, elle y retourne d'elle-même, comme l'aiguille d'une boussole, sans qu'aucun principe d'aimant ou d'électricité produise cet effet, que l'auteur rapporte aux lois de la mécanique. Une autre circonstance inexplicable de ce chronomètre, c'est que les divisions du cadran ne sont pas égales, mais proportionnelles et plus resserrées à mesure qu'elles se rapprochent de la situation horizontale; ce qui n'empêche pas que l'aiguille ne les parcoure en temps égaux. Ce chronomètre français est une énigme, dont quelques personnes prétendent avoir trouvé le mot. Je ne suis pas de ce nombre.

CHAPITRE XXVII.

Retour. — Comestibles divers. — Gélatine. — Sucre de betterave, etc.

Après avoir traversé à la hâte les différentes salles de l'exposition, je retourne sur mes pas, et je m'empresse de remplir les lacunes que la rapidité d'un premier coup d'œil aura pu laisser dans mon travail.

Les objets que je remarque d'abord, comme m'ayant échappé, sont divers comestibles, tant liquides que solides. L'eau-de vie et l'anisette que M. *Clément* a extraites des pommes de terre; la gélatine de M. *Robert*, et les beaux sucres de betteraves de MM. le comte *Chaptal*, *Leray de Chaumont*, *Grenet-Pelé* (d'Eure-et-Loire), *André*, *Masson*, *Magnin*, etc., méritaient cependant d'attirer mon attention. Qui n'admirerait ces métamorphoses opérées par la chimie, ces substances inutiles ou communes, transformées en alimens délicieux ou nourriciers? Qui ne s'étonnerait de voir la lie de vin, le genièvre, le grain du riz, les figues, les pois, les pommes sauvages, céder pour résultat aux opérations chimiques, des liqueurs spiritueuses et d'excellentes boissons? Les os, les plus vils débris des animaux, sont devenus une nourriture saine et agréable. On a vu à l'exposition des têtes de bœufs *gélatinées*, dont la charpente osseuse était devenue une substance alimentaire, salubre, nourrissante et facile à digérer; ainsi les cadavres mêmes des animaux ont été forcés de concourir à l'amélioration du sort des classes pauvres.

Citons, à la tête des conquêtes de l'industrie moderne, la fabrication du sucre de betterave. La culture de ce végétal offre un grand nombre d'utilités diverses : elle est avantageuse à la production du blé qui lui succède; elle donne une excellente nourriture aux bestiaux, dans le résidu de ses racines; elle fournit une substance absolument identique au sucre de canne; elle emploie un grand nombre d'ouvriers pendant la saison morte. A tant de résultats précieux se joint la quantité considérable d'eau-de-vie, que l'on tire de ses mélasses. M. Chaptal a su ouvrir à la fois, par la persévérante et patiente activité de ses travaux, tant de différentes sources de bien-être et de richesses; et peut-être, grâce à lui et à M. Delessert, la France parviendra-t-elle bientôt à se pourvoir elle-même de tout le sucre nécessaire à sa consommation, et à remplacer ainsi l'énorme perte de ces colonies, qui lui fournissaient autrefois (par an) près de 900,000 quintaux de sucre, dont elle exportait une grande partie. Les sucres exposés par M. Chaptal se distinguaient aisément par leur superbe cristallisation.

Que l'on ne sourie pas dédaigneusement, en me voyant rassembler ici dans la même phrase le *chocolat* de M. *Auger* (broyé par un seul moteur), les *fromages* de Hollande dont M. *Dumarais* a établi une fabrique dans le Calvados, les pastilles suaves de M. de *Bauve*, et les *viandes* préparées avec l'acide acétique, par M. *Bobée* : rien ne m'est étranger de tout ce qui annonce un perfectionnement dans les branches les plus légères de l'industrie domestique.

CHAPITRE XXVIII.

Ustensiles d'économie domestique. — Chauffage et éclairage. — Couleurs et crayons, savons, cires, colles-fortes, etc.

Me serai-je laissé éblouir, comme tant d'observateurs et de philosophes, par l'éclat des matières, séduire par l'élégance du travail, et entraîner par la nouveauté des inventions ? Je rencontre sur mon chemin plusieurs ustensiles d'économie domestique, dont la simplicité n'a pas frappé mes yeux, et que je n'ai pas remarqués dans ma promenade, bien que l'invention en soit aussi ingénieuse que l'usage en est commode.

La *coquille à rôtir* et le *fourneau potager* de M. Harel, appareils de chauffage extrêmement économiques, me font admirer l'heureuse combinaison de leur construction, et la très-petite quantité de combustibles nécessaires pour les alimenter.

Je remarque aussi les beaux fourneaux de M. *Bordier-Marcet*, et ces lampes exposées par MM. *Brunet* et *Gagneau*, qui donnent à si peu de frais une si belle lumière.

Les Grecs et les Romains, qui avaient singulièrement perfectionné les lampes, n'en connaissaient pas dont le procédé fût aussi ingénieux, aussi simple, aussi singulier, et la lumière aussi vive et aussi constante, que ce modèle de lampe où l'huile est élevée sans intermittence à la hauteur de la flamme.

Parmi les objets de nécessité première dans les arts, qu'il ne m'est pas permis de passer sous silence, je nommerai la belle céruse de *Clichy*, qui l'emporte sur la céruse de Hollande; le beau minium de M. *Pécard;* le vermillon de M. *Desmoulins*; *l'indigo-pastel* de M. *Rouques* d'Albi, qui a trouvé moyen d'égaler le plus bel indigo de l'Inde. N'oublions pas non plus les beaux crayons *Humblot-Conté*, si supérieurs aux crayons d'Allemagne, et dont les dessinateurs français font une si grande consommation.

Les savons, dont Paris ne possédait pas une seule manufacture il y a quelques années, sont venus s'y établir et s'y perfectionner, grâce aux procédés de M. *d'Arcet*.

C'est un assortiment fort curieux que toutes ces espèces de savons, faites avec des huiles, des graisses, des odeurs, en pains, en poudres, en boîtes, que M. *Avelant* a exposés. On y trouve une échelle complète et graduée de tous les genres et de tous les degrés de propreté, depuis la simple pâte destinée aux plus communes opérations du ménage, jusqu'aux plus suaves préparations, réservées à la toilette des jolies femmes de Paris, de Florence et de Londres.

M. *Graffe* a donné de belles cires à cacheter; M. *Thibault*, plus heureux encore, est parvenu à remplacer par une substance indigène le vermillon de la Chine employé jusqu'ici dans la cire rouge. Je remarque aussi une grande quantité de colle-forte, dont la meilleure est celle obtenue par le procédé le plus bizarre, la *gélatine* : c'est M. *Robert* (Ile des Cygnes) qui l'a exposée; elle se distingue par une propriété hygrométrique qui lui est particulière.

La plupart de ces produits ont pris depuis vingt ans un développement singulier; la fabrication des acides et des sels a été l'objet d'une grande concurrence; plusieurs des produits sont tombés au dixième à peu près de leur ancienne valeur; enfin, la France a tiré de son propre fonds (et en assez grande abondance pour fournir à l'exportation) une foule de matières qu'elle demandait autrefois à l'étranger.

CHAPITRE XXIX.

Manufactures du midi de la France. — Alènes de Marseille. — Armes blanches. — Sels de soude. — Savon blanc des Bouches-du-Rhône. — Céruse, etc.

Plusieurs produits des manufactures du midi de la France se présentent à moi dans la salle suivante. Je crois devoir les grouper ici.

Grâce à la manufacture d'alènes établie à Marseille par MM. *Tixerant* et compagnie, la France est affranchie du tribut qu'elle payait à l'Allemagne pour ce genre d'industrie : les produits de leur manufacture, supérieurs en qualité, sont aussi moins chers que ceux des fabriques étrangères.

Le borax que raffine M. *Jacob* ne le cède en rien à celui des raffineries hollandaises, qui étaient jadis en possession exclusive de cette branche de commerce.

Madame *Degrand* établit, à des prix marchands, la coutellerie et les armes blanches de première qualité : la lame du sabre qu'elle a remis pour échantillon est aussi parfaite que les plus belles lames de Perse et de Turquie.

MM. *Quinon* et compagnie, *Bérard* et compagnie, ont présenté des sels de soudes factices qui remplacent, dans presque tous les emplois, les soudes naturelles que nous achetions fort cher à l'étranger. « Ce sont MM. *Quinon*, dit-on, qui les premiers ont établi cette fabrication en France (1). »

La soude factice, plus pure que la soude d'Espagne et de Sicile, coûte moitié de ce que coûtait autrefois la soude extraite des plantes marines.

MM. *Gauthier* et *Rabinel* ont exposé leur acide muriatique, qu'ils fabriquent en grand et à très-bas prix, au moyen des appareils qu'ils ont établis.

Le département des Bouches-du-Rhône expose aussi deux échantillons de savon blanc. L'un présenté par M. Payen, est fabriqué avec de la soude naturelle d'Espagne et des huiles étrangères. M. Payen, dans le mémoire qu'il a présenté au jury, prétend que pour obtenir du savon blanc parfaitement pur, il est indispensable de n'employer que des soudes naturelles étrangères. M. Millau, pour toute réponse, présente un échantillon de savon plus blanc, et d'une plus grande pureté, où il n'emploie que des huiles de Provence, et des soudes factices provenant des fabriques du département.

Plusieurs fabricans de ce pays ont accompagné leurs échantillons de mémoires où le gouvernement a pu puiser des notions utiles, tout en faisant justice de certaines propositions où l'intérêt personnel se fait peut-être trop sentir. Pourrait-il admettre, par exemple, la proposition que lui fait un des auteurs de ces mémoires, de prohiber

---

(1) Je ne crois pas ce fait exact : le premier est un M. Leblanc, qui s'est brûlé la cervelle, et dont le procédé, qui ne réussissait pas entre ses mains, est suivi maintenant avec le seul changement de la forme du four à réverbère. Il est maintenant circulaire ; Leblanc l'avait fait carré.

le coton de Bengale, pour favoriser le commerce français dans le Levant? serait-il juste, serait-il avantageux de priver nos filatures d'une matière première indispensable pour soutenir, par son bas prix, la concurrence avec les filatures étrangères?

On nous signale un acte de justice du jury du département du Rhône. Il a rejeté un petit échantillon de céruse qui semblait provenir d'un essai plutôt que d'une fabrication, et sur lequel l'auteur demandait un privilége exclusif : le jury s'est souvenu que M. Roard a fondé à Clichy la plus belle manufacture de céruse qui existe maintenant en Europe; et tout aussi peu satisfait de la demande injuste de M.... que de son essai informe, il a refusé d'admettre et d'appuyer ses prétentions. En se montrant imbu du principe, qu'il avait à défendre la cause du commerce et non celle d'un compatriote, et les intérêts de la France et non ceux d'un département, le jury a laissé un bon exemple. Quand saura-t-on que ce sont les droits de la nation qu'il faut songer à défendre, et non les intérêts privés d'une caste ou d'un canton? Quand le sacrifice des intérêts personnels fondera-t-il la liberté publique et l'indépendance nationale?

CHAPITRE XXX.

Instrumens de musique, d'optique, de marine, etc. — Violons de M. Chanot. — Pianos et harpes. — — Cor perfectionné. — M. Savarèse. — MM. Gambey, Lenoir, etc.

Il y a certains points de rencontre où viennent aboutir à la fois les beaux-arts, les arts mécaniques et les sciences exactes; telles sont la science de la perspective, la théorie des couleurs, la fabrication des instrumens de musique, etc., etc. Ce sont de grands sujets de réflexions pour le penseur, et d'expériences pour le mécanicien; les sensations tout immatérielles causées par la musique et la peinture, tiennent-elles à des lois positives et géométriques? Existe-t-il des rapports cachés, mais directs, entre le calcul et le sentiment, entre les distances et les combinaisons des nombres et l'expression musicale des intervalles et des accords? Y a-t-il des moyens mécaniques de perfectionner ces jouissances? Questions beaucoup trop profondes pour être discutées ici, mais qu'il est bon d'indiquer aux méditations des philosophes, et aux recherches des artistes.

Par exemple, la fabrication des violons offre plus d'un problème à résoudre; et l'on ne doit pas s'étonner que la disposition des fibres résonnantes du corps sonore ait déjà exercé l'imagination de plus d'un savant : il s'y trouve à la fois une foule de questions métaphysiques et mécaniques, bien dignes d'être approfondies. Ce n'est qu'après une longue étude de ces matières, qu'un mécanicien vient d'arriver à de beaux résultats en ce genre. Par une modification raisonnée de toutes les parties du violon, M. Chanot a, de l'aveu de l'académie des sciences et du célèbre Boucher, perfectionné singulièrement cet instrument; s'il faut en croire le bruit public, les sons les plus riches, les plus pleins et les plus doux, toute la vigueur et toute la suavité des *Stradivarius*, sont renfermés dans ces chefs-d'œuvre, qu'il livre pour cent écus. J'ai admiré avec une foi entière et aveugle, les violons exposés par M. Chanot.

Les pianos d'Errard, dont le nom est européen, et ceux de *Pfeiffer*, qui a trouvé moyen de donner au piano carré tous les avantages du piano à queue, ont aussi attiré mes regards. On doit savoir gré à M. *Boilleau* fils d'avoir suppléé par des sons nets et *ouverts* à ces sons *bouchés* et sourds que donnaient certaines notes du *cor* : ce bel instrument aura désormais toutes ses octaves claires; et, fait pour retentir au loin dans les bois, il ne fatiguera plus l'oreille de ses sons vagues et étouffés.

Je cite ici d'autant plus volontiers M. Savarèse, fabricant de cordes à violon, que cette industrie est rare à Paris, et que le rapport du jury central a oublié d'en faire mention.

La même habileté de combinaisons, la même précision de travail que demandent les bons instrumens de musique, sont requises au plus haut degré dans les instrumens d'optique et de mathématique, dont j'ai déjà eu occasion de parler (1). Plusieurs instrumens exécutés par M. *Fortin*, entre autres une boussole d'un travail admirable, et

---

(1) Voy. plus haut, pag. 50.

appartenant à l'observatoire royal; de beaux instrumens de M. *Gambey*, qui, très jeune, est parvenu à la perfection de son art; un miroir parabolique destiné à un phare, par M. *Lenoir* fils; de fort bonnes lunettes de M. *Soleil;* une belle *camera-lucida* de M. *Cauchoix*, me forcent de m'arrêter encore un instant devant ces objets, et de me réjouir que notre industrie nationale, si long-temps inférieure sous ce rapport, ait enfin conquis dans ce genre, sinon la supériorité, au moins un degré très-élevé de perfection.

CHAPITRE XXXI.

Machines diverses. — Charrues. — Instrumens aratoires. — Machines à fabriquer des bouchons et des tonneaux. — MM. Caillou, Burette, Montgolfier, etc.

Plusieurs machines à l'usage de l'agriculture et de l'économie domestique, oubliées dans ma première promenade, ou trop légèrement observées, se présentent à moi.

De ce nombre sont les charrues de grandeur naturelle, construites sur les dessins de M. *Molard* jeune, sous-directeur du Conservatoire des arts et métiers, et sous la direction de son neveu (rue Neuve-Saint-Laurent, n° 6, à Paris). Ces charrues sont à la fois simples et solides. Les pièces exposées au frottement sont en fer fondu : d'où résulte le double avantage d'une plus longue durée de l'instrument, et d'un usage moins pénible pour les animaux de trait. J'ai remarqué plus particulièrement celle des charrues du même auteur, qui se trouve munie de deux petites roues de fonte, destinées à régler la profondeur de l'*entrure* du soc : cette disposition m'a paru nouvelle et d'un bon effet.

M. *Guillaume*, déjà honorablement connu par les charrues qui portent son nom, en a présenté plusieurs auxquelles la société centrale d'agriculture avait accordé son approbation.

La charrue de l'invention de M. Paul *Hanin* est munie de deux socs superposés, dont le supérieur a pour objet d'enlever et de déposer au fond du sillon le gazon que le soc inférieur recouvre.

Le semoir à graines rondes, exposé par M. *Scipion Mourgue*, est en usage dans plusieurs contrées de la France; mais il en a perfectionné la construction en le rendant propre à répandre à la fois la graine et la poudre d'engrais.

Le hache-paille de M. *Hoyou* a sur ceux d'Allemagne l'avantage de faire avancer la paille par le mouvement même de la lame qui sert à la couper.

M. *Molard*, dont le nom s'associe à la plupart des inventions ou des améliorations dont l'économie domestique et l'agriculture se sont enrichies depuis quelques années, a mis à l'exposition deux hache-tubercules exécutés sur ses dessins, et qui n'exigent qu'un seul mouvement de rotation. Celui de M. *Burette*, d'un appareil plus simple, m'a paru cependant d'un usage moins facile.

MM. *Crochard* et *Maupassant de Rincy*, ont inventé deux machines singulières et très-utiles, l'une pour fabriquer les bouchons de liége, l'autre pour faire des tonneaux à la mécanique. Ces deux inventions ont un avantage commun, c'est de donner des dimensions uniformes à leurs produits, et d'être, par-là même, fort utiles, soit au débit, soit au jaugeage des liquides.

Les deux tonneaux de vingt-sept *veltes*, grosse jauge de Champagne, fabriqués par mécanique, m'ont paru bien faits et très-solides; mais l'expression dont on se sert pour indiquer leur capacité me fait craindre qu'ils n'aient pas été établis suivant le nouveau système des poids et mesures : alors de quel usage peuvent-ils être dans le commerce?

On doit à M. *Caillon*, mécanicien, rue de Vaugirard, n° 36, l'ingénieuse machine propre à dresser et à faire les languettes, les rainures et les moulures sur les métaux, avec une grande facilité et une extrême précision. Cette invention précieuse a mérité à son auteur les éloges du comité des arts mécaniques de la société d'encouragement.

Le même M. *Burette*, dont j'ai parlé plus haut, a présenté au concours deux machines d'un assez grand intérêt : l'une, dont l'expérience a confirmé les heureux résultats, est destinée à réduire en farine les pommes de terre; l'autre, qui sert à exprimer le jus des fruits, est faite (si j'ai été bien informé) à l'imitation de celle que M. Molard aîné, l'un des fondateurs du Conservatoire des arts et métiers, et membre de l'Institut de France, a publiée avec gravure dans le *Bulletin de la Société d'encouragement*. M. Burette a substitué à la toile métallique sans feu, dont se compose la presse à cylindre de M. Molard, un manchon en tôle criblé de petits trous, et destiné à produire le même effet que la toile : je ne sais jusqu'à quel point ce procédé nouveau peut être considéré comme un perfectionnement.

M. *Montgolfier* a enrichi cette exposition d'une presse hydraulique de Pascal, disposée de la manière la plus simple, pour exprimer l'huile des graines; d'un bélier hydraulique applicable aux irrigations, et d'une machine à broyer les graines grasses entre deux cylindres, d'après le procédé indiqué en 1808, au *Bulletin de la Société d'encouragement*, page 174, par M. Molard aîné. Je crois cependant y avoir remarqué cette différence que les cylindres de la machine de M. Montgolfier sont animés de la même vitesse, tandis que ceux employés par M. Molard, avec des vitesses différentes, produisent en même temps l'effet du laminoir et de la meule.

Le moulin à cribler le blé, de M. *Moussel*, se fait remarquer par un assortiment de cribles de rechange que l'auteur y joint, et qui le rend propre à séparer les différentes graines.

M. le baron *Caignard de la Tour* a tiré un parti fort ingénieux de la vis d'Archimède, pour conduire l'air sur l'eau : l'auteur a trouvé le moyen d'adapter à cette espèce de soufflet une machine d'acoustique qui produit des sons quand elle est mise en mouvement par l'air et l'eau réunis.

La machine à vapeur est portée à un degré de perfection qui laisse bien peu de chose à désirer. L'exposition nous en a offert un modèle construit à l'école royale des arts et métiers de Châlons; cette machine est combinée suivant le système de Wolf.

CHAPITRE XXXII.

Progrès des arts métallurgiques. — Manufactures d'Emphi, de Romilly, etc.

Le progrès des arts métallurgiques est trop sensible dans cette exposition, et je retrouve sous mes yeux trop de preuves de leur état florissant, pour que je ne consacre pas un nouveau chapitre (1) à cette branche-mère de l'industrie nationale, dont j'ai eu l'occasion de parler plus haut.

On ne saurait trop apprécier les efforts de nos maîtres de forges pour nous soustraire aux tributs que nous payons encore à l'étranger, comme on ne saurait trop encourager les mécaniciens agronomes qui s'attachent (comme ceux dont j'ai parlé dans le chapitre précédent) à perfectionner les instrumens nécessaires au premier des arts.

Parmi les maîtres de forges les plus recommandables par leurs utiles travaux, j'ai déjà cité MM. *Couleaux* frères, dans le département du Bas-Rhin; M. *Rochet*, dans celui de la Côte-d'Or; M. *Falatieu*, dans la Haute-Saône. Il existe à Saint-Étienne une importante fabrique d'acier; le département de la Nièvre en possède plusieurs : dans le midi de la France nous trouvons celle de MM. *Garrigou*, établie aux portes de Toulouse; et plus loin, dans le département de l'Arriége, M. *Raffié* vient de fonder à Foix un établissement de la plus haute importance, pour la fabrication des faux et des limes. Plusieurs rapports du comité consultatif attestent l'excellence de ces produits; mais de pareilles entreprises, qui n'ont pour but

(1) *Voy*. plus haut, pag. 10

que l'intérêt général, ne peuvent prospérer sans l'appui du gouvernement, qui leur doit encouragement et protection.

Les divers produits en cuivre de la manufacture d'*Emphi*, département de la Nièvre, méritent les plus grands éloges, et annoncent une grande perfection de travail.

Je n'ai pas vu sans étonnement deux planches en cuivre de l'établissement de *Romilly;* ces planches portent 12 pieds 6 pouces sur 6 pieds 6 pouces, mesure extraordinaire à laquelle on n'avait pas encore atteint.

Parmi les tôles de fer, on a remarqué celles du pont Saint-Oure de la Nièvre, appartenant à M. *Fouques*, dont la dimension et la beauté surpassent tout ce qu'on a vu dans ce genre.

La fabrique d'acier de M. *Milleret*, dont les procédés ont été établis par M. *Bonier*, dans le département de la Loire, paraît avoir fourni dans ce genre les produits les plus beaux et les plus complets.

Les limes de MM. *Saint-Bris*, *Deguenne*, *Mont-Mourreau* et *Raffié*, sont d'une exécution assez parfaite pour nous donner la certitude que bientôt nous n'aurons plus, dans ce genre, rien à demander à l'étranger.

Les fils métalliques de toutes grosseurs, que j'ai soigneusement examinés, prouvent que nos tréfileries sont portées à une très-grande perfection. Une pièce de fil-de-fer à l'usage des fabricans de cardes, et que l'on avait mise sous verre pour mieux fixer l'attention, était indiquée par le tréfileur, M. *Mouchet* fils (de l'Aigle), comme ayant trois lieues de longueur sous un poids qui n'excédait pas un kilogramme. C'est, je crois, de la même fabrique que sortait ce fil d'acier de 16 millimètres de diamètre, également tiré à la filière, sans morsures, et ces cordes métalliques à l'usage des facteurs d'instrumens de musique.

On ne saurait trop encourager ce dernier genre d'industrie, dans lequel la France reconnaît encore des maîtres étrangers.

Plusieurs objets de serrurerie, exécutés dans le département de la Somme, et particulièrement les cylindres cannelés de la fabrique de M. *Rivery*, sont également remarquables par leur exécution, et parce qu'ils ont été fabriqués d'après le nouveau système de M. *Dufaud*, ancien élève de l'école Polytechnique, avec des fers indigènes de Grossouvre, lesquels, au dire des fabricans du pays d'Escarbotin, sont les seuls qui réunissent les qualités nécessaires à la fabrication de ces ouvrages.

CHAPITRE XXXII.

Orfévrerie.

La supériorité des Anglais dans les ouvrages argentés, dorés, plaqués et doublés, fut long-temps incontestable, et c'est encore une des branches où l'industrie française est parvenue, pendant cette période maudite de la révolution, à égaler, si ce n'est à surpasser, l'industrie de nos voisins d'outre-mer : je crois pouvoir affirmer qu'en Angleterre il ne se fabrique, en ce genre, rien de plus solide et de plus beau que les plaqués d'argent de MM. *Châtelain* et compagnie, rue du Temple, et les vaisselles doublées d'or et d'argent de M. *Tourrot*, rue Saint-Avoye, et de M. *Pillioud*, rue des Juifs. J'ai particulièrement été frappé de la richesse élégante d'une grande fontaine à thé, provenant de la manufacture de ce dernier fabricant. Le prix en était indiqué à 450 francs, au lieu de 2000 francs, qu'un pareil vase coûterait en argenterie, et cependant il est impossible d'y trouver la moindre différence pour l'usage et la beauté.

Des nombreuses manufactures en plaqué d'or et d'argent, celle de la rue de Popincourt est une des plus remarquables pour la variété des objets ; elle appartient à M. François *Levrat*, à qui fut adjugé, en 1811, le grand prix d'encouragement. Sa vaisselle se vend au prix de 15 francs le marc, plaqué au 10ᵉ, et de 21 francs, plaqué au 5ᵉ.

M. *Cahier*, quai des Orfèvres, avait exposé des vases d'église et d'autres objets en argent et en vermeil, d'un très-beau travail.

La belle fontaine en argent ciselé de M. *Buisson*, rue Saint-Honoré; le vase Médicis, orné de bas-reliefs en vermeil, de M. *Biennais*, rue Saint-Honoré; la fontaine en vermeil de M. *Fauconnier*, rue du Bac, laquelle, sans robinet apparent, peut verser à la fois et séparément deux liqueurs différentes, et une variété prodigieuse de vases et d'ustensiles de table, sont autant d'ouvrages, où ces habiles orfèvres disputent d'élégance dans les formes, de goût dans les ornemens, et de fini dans l'exécution.

MM. *Jeanetty* fils et *Chatenay*, rue du Colombier, ont, les premiers, je crois, fabriqué avec le platine des cassolettes, des boîtes, des couteaux, des cuillers et des fourchettes, qui, malgré la dureté réfractaire de ce métal, ont reçu les formes les plus élégantes.

A cette exposition, comme dans les précédentes, les plus riches et les plus beaux produits de l'orfévrerie française sont sortis de la fabrique de M. *Odiot*, rue l'Évêque. On n'évaluait pas à moins de 24,000 francs un nécessaire de déjeuner à la fourchette, composé d'un meuble à quatre tiroirs, renfermant chacun trois assiettes, une corbeille à fruit, une écuelle à potage; quatre petits vases pour le sucre, le sel, le poivre et la moutarde; quatre couverts, huit couteaux et un plateau; le tout en vermeil.

Mais ce qui passait tout le reste en magnificence, c'est le riche service en vermeil commandé par M. Demidoff, dont le prix est porté à 130,000 francs. Ce service est composé de 60 pièces ornées de bas-reliefs d'un goût exquis, représentant des bacchanales et autres scènes analogues à la joie des festins. Les vases qui comportent ce genre d'ornement sont supportés par des figures d'un dessin et d'un travail achevés, parmi lesquelles on remarque une Cérès couronnée d'épis; un Bacchus couvert de la peau d'une panthère; et un faune vêtu d'une tunique légère, et tenant à la main une couronne de fleurs. Je ne pense pas que l'art de l'orfévre ait encore rien produit, je ne dis pas de plus magnifique, mais d'un luxe d'aussi bon goût et d'une exécution aussi parfaite.

CHAPITRE XXXIII.

Bijouterie.

Le dessin n'est pas d'un grand secours à la bijouterie, du moins à en juger par cette exposition, où, à l'exception d'un bouquet en diamant, dont les fleurs m'ont paru d'une imitation assez vraie, et d'un autre bouquet en or, de M. *Beaujeois*, rue Chabanais, plus remarquable encore par la vérité des couleurs et des nuances, je n'ai pas remarqué que les joailliers aient tiré aucun parti des ressources que le dessin offre à tous les arts industriels.

Ce collier, au centre duquel se trouve un papillon véritable, et dont les chaînons sont formés par les ailes du même insecte, est une invention plus bizarre qu'agréable.

Je ne parle pas de ces plaques en brillans, si gracieusement appelées crachats; on sait que ce sont des beautés d'un ordre à part, qui n'ont rien de commun avec la nature, avec la raison, ni même avec les arts. C'est peut-être pour cela qu'il n'est sorte de sacrifices que certaines personnes ne fassent pour se les procurer; qu'il n'est sorte de services qu'on ne puisse exiger de ceux à qui on les promet: mais ce qui doit désespérer même un W...., c'est-à-dire le général et le prince le plus chargé de décorations qui fut jamais, c'est qu'il ne peut jamais en tenir autant sur sa poitrine qu'il s'en trouvait dans la montre, où M. Beaujeois avait placé tous ces fastueux hochets de l'orgueil et de l'ambition.

Je range dans la classe des bijoux les ouvrages en corail sortis de la manufacture de la rue de Grammont; on peut s'y procurer pour 1000 francs une parure complète; j'ai surtout remarqué, parmi les produits de cette fabrique, un couvert de voyage, dont les manches de la fourchette et du couteau sont formés de deux morceaux de corail d'une grosseur extraordinaire; la valeur de ces deux pièces et de leur étui est de 2000 francs. V.

CHAPITRE XXXIV

Omissions. — Dernière revue. — Étoffes orientales. — Papeterie. — Chapellerie. — Tissus métalliques. — M. Gonord.

Au milieu de tant de richesses qui se pressaient autour de moi, plus d'un oubli a dû se glisser dans cette description rapide. Je cherche à réparer en partie ces omissions, et je jette un dernier regard sur ces brillantes salles, théâtre de nos conquêtes industrielles, notre seule et véritable gloire, après tant de gloires perdues.

Les magnifiques étoffes orientales de MM. *Seguin* père et fils, et *Yemenis*, de Lyon, auraient dû me frapper d'abord. Quelle variété et quelle complication de dessins! quelle beauté de couleurs! quel éclat vraiment royal dans ce mélange de pourpre, d'argent et d'or! Ces étoffes destinées à la Perse et à la Turquie, semblent ne convenir qu'aux lieux où le soleil répand sa plus pure et sa plus vive clarté.

De ces ramages brillans que les muftis fouleront, ou qui ceindront la tête des imans, jusqu'aux modestes chapeaux de M. *Loustau* et compagnie, rue Geoffroy-l'Angevin, n° 6, et de Mlle *Manceau* et compagnie, il y a loin, j'en conviens. Cependant ces derniers ont leur mérite. Ceux de M. *Loustau*, fabriqués pour nos contrées pluvieuses, ont l'avantage d'être imperméables, et l'avantage non moins précieux d'être fort peu coûteux. Les dames seules ont pu sentir tout le mérite de ces autres chapeaux tissus en soie, et imitant la paille, si légers, si agréables et d'un prix si modique.

Je m'aperçois que j'ai à peine parlé des papeteries : grande lacune pour un écrivain, surtout dans ce siècle, consommateur de livres s'il en fut jamais. La réputation des papiers d'Annonay est honorablement soutenue par M. *Johannot;* ce sont des chefs-d'œuvre, pour la beauté de la pâte, pour la fabrication et le grain, que ses grands papiers tellières. Les papiers de MM. *Canson, Berte, Delagarde,* ne sont guère moins beaux, mais n'offrent pas de caractères distinctifs. Faisons remarquer la manufacture de madame *Odent* (de Courtalin), comme ayant, la première, pratiqué avec succès le collage à la cuve.

Vous connaissez ces papiers bleu, vert, jaune, toujours pâles et nécessairement forts, dans lesquels on enveloppe vos bas, vos chemises et la plupart de vos emplettes : longtemps la Hollande nous les avait fournis, et c'était pour elle une branche féconde de commerce. Aujourd'hui, grâce à M. *Desétables* (du Calvados), la France n'aura pas besoin de les aller chercher à l'étranger. Les papiers de ce genre qu'il a exposés, l'emportent, pour la qualité, sur ceux que l'on tirait de Leyde et Harlem.

Sans nous livrer à toutes les réflexions philosophiques, que pourrait nous inspirer la singulière destinée de ce papier, qui

.... Fut du chanvre en son temps ;
Linge il devint par l'art des tisserans ;
Puis en lambeaux des pilons le pressèrent,
Il fut papier : cent cerveaux à l'envers
De visions, à l'envi, le chargèrent ;
Puis on le brûle, il vole dans les airs :
Il est fumée aussi-bien que la gloire.

Je passe à d'autres objets.

Les râpes pour les sculpteurs, de M. *Contamine,* ont

déjà prévalu sur les râpes d'Italie; nouvelle victoire industrielle, qu'il est bon d'annoter ici.

Je ne puis passer sans une sorte d'étonnement devant ces toiles métalliques de MM. *Roswag*, *Gaillard*, *Sembler*, *Saint-Paul;* toiles dont le tissu fin et serré ressemble moins au produit de la mine, qu'à une gaze fine et légère.

Je termine ce chapitre en admirant un mystère, comme l'initié égyptien, à la fin de sa promenade, s'agenouillait devant la statue d'Harpocrate, qui avait le doigt sur la bouche. M. *Gonord,* graveur, a fait une découverte fort singulière, qui m'étonne sans que je cherche à en deviner le secret. Si vous lui donnez une planche de cuivre gravée in-folio, par exemple, il peut, en quelques heures, et sans employer d'autre cuivre, en tirer des épreuves sur telle échelle que l'on veut. Des *cérémonies religieuses* de *Bernard Picart,* il fera des dessus detabatière; et convertira, s'il le veut, les petits chefs-d'œuvre de Duplessis-Bertaux, en tableaux gravés de six pieds de large; M. Gonord n'a pas révélé son secret, que je livre à la pénétration des habiles.

CHAPITRE XXXV.

Conclusion. — Coup d'œil général sur les progrès de l'industrie française, constatés par l'exposition de 1819. — Vêtemens de l'homme. — Tissus de toute espèce, laines, cachemires, soieries, tulles, crêpes, cotons, teintures, blanchîment, impression sur étoffes.

D'après tant de beaux résultats, le progrès de l'industrie française est visible.

Dans les tissus, dans les filatures, dans tout ce qui tient aux vêtemens de l'homme, il est aisé de constater des perfectionnemens majeurs, obtenus depuis peu d'années, et dus à ce mouvement irrésistible qui entraîne la société vers les améliorations de tout genre.

Le croisement des races de moutons espagnols, a donné du corps et de l'éclat à nos laines, tandis que la température moins ardente de notre climat adoucissait la roideur des mérinos de l'Estramadure. La filature des laines a fait des progrès remarquables; les fabriques de draps se sont multipliées : l'adoption générale des machines a épargné le travail des hommes, et rendu la main-d'œuvre moins chère, tout en perfectionnant les produits : une nouvelle vie a, pour ainsi dire, animé la fabrication des lainages; enfin, les chèvres de Cachemire ont quitté leurs montagnes, et sont venues offrir au luxe et à la parure leurs belles et douces toisons.

Le dessin a embelli et varié ces étoffes de fantaisie,

inventées par la mode, et mobiles comme elle. La soie, branche si importante de notre industrie, a perfectionné toutes ses parties. On a créé de nouvelles et gracieuses combinaisons. Les consommateurs se sont présentés en foule; les fabriques existantes n'ont plus suffi. L'art de filer et de teindre la soie, et le mécanisme même du tissage, se sont améliorés. A la place de machines compliquées, difficiles à mouvoir, et meurtrières pour la population qui les manipulait, des machines simples et précises ont été mises en usage : on a su faire mieux à moins de frais; on a appris à ne pas prodiguer en vain les sueurs et la vie des hommes.

Depuis peu, nous sommes parvenus à enlever le monopole du tulle et du crêpe aux villes d'Italie, à donner un degré plus élevé de finesse au chanvre filé à la mécanique, et un degré bien supérieur et presque incroyable aux cotons filés. La fabrication des perkales, mousselines, etc., est devenue une source de richesse pour plusieurs villes; des familles sans nombre ont trouvé dans ces ateliers une occupation lucrative.

La teinture, le blanchîment, l'impression sur étoffes, n'ont pas fait moins de progrès. La cochenille remplacée par la garance et par la *laque-laque*, pour la teinture sur laine; le bleu de Prusse appliqué sur la soie, et l'indigo effacé par une nuance plus agréable; un vert solide, et un plus beau rouge, donnés aux toiles de coton; quelques couleurs fixées sur le fil de lin, qui jusqu'ici avait trompé tous les essais de ce genre; des couleurs plus vives inventées; le procédé de blanchîment bertholien, pratiqué avec le plus grand succès; le rouge d'Andrinople, enfin assujetti à l'opération des agens chimiques auxquels il avait toujours résisté; l'action rapide, continue et régulière du cylindre, introduite dans l'impression des toiles : telles sont les principales et importantes améliorations que l'on a pu remarquer dans cette branche d'industrie.

CHAPITRE XXXVI.

Habitation de l'homme et économie domestique — Tapis et tentures; meubles, bois indigènes; chauffage, éclairage; acide acétique, soude, gélatine; couleurs; poteries, porcelaines.

La fabrication des tapis, ces belles décorations de l'habitation de l'homme, est devenue vulgaire, et, pour ainsi dire, populaire. Les fortunes les plus modiques ont pu aspirer à ces élégantes tentures, où des ornemens de bon goût, de riches draperies, de frais paysages, des arabesques soignées, sont exécutés sur papier peint. Le bois de nos forêts a reçu des teintes nouvelles et riantes, qui ne le cèdent pas aux plus belles nuances des bois étrangers, et des formes élégantes, que varient et épurent chaque jour les progrès du dessin.

L'économie domestique a fait des conquêtes. Les procédés d'éclairage et de chauffage, inventés précédemment, ont été perfectionnés; on a découvert le moyen précieux de conserver les viandes dans un acide particulier. Les progrès étonnants des arts chimiques ont favorisé à la fois l'économie domestique et toutes les branches des arts et des sciences. L'art de fabriquer la soude s'est perfectionné à un point merveilleux; des couleurs plus solides ont promis aux tableaux de nos peintres une immortalité qui manque aux chefs-d'œuvre de Léonard de

Vinci. On a extrait, des ossemens des animaux, des matières utiles et une nourriture salubre.

La porcelaine des pauvres, la poterie-grès, s'est améliorée. Dans la fabrication de la belle porcelaine, on a cherché et trouvé de grandes économies; les pâtes ont gagné de solidité; les prix ont baissé. La peinture et la dorure de cette belle matière se sont enrichies de procédés simples et précieux, et de couleurs aussi éclatantes que durables. La cristallerie s'est tout à coup élevée à l'état le plus florissant. On a appris à préserver les glaces des effets de l'humidité, et à boucher les trous faits dans le tain, sans en altérer la réflexion ni l'éclat. Le luxe a trouvé de nouveaux moyens de jouissance, et le simple citoyen a vu naître chaque jour de nouvelles sources de bien-être.

CHAPITRE XXXVII.

Progrès dans les arts métallurgiques; — dans la mise en œuvre des métaux; — dans la mécanique, etc., etc.

Les arts métallurgiques ont acquis plusieurs méthodes nouvelles, et ont suivi un mouvement de perfectionnement très-sensible. La fonte des fers a beaucoup gagné, et de nombreuses améliorations ont été données aux moyens mécaniques qu'on emploie dans les forges. Le nombre de ces dernières a augmenté; la fabrication de l'acier s'est singulièrement étendue; celle du laiton par la *blende* a été découverte. La platine devenue malléable, en conservant l'énergie de résistance que son inflexibilité oppose à tous les acides et aux changemens de température, s'est facilement prêtée à toutes les préparations de l'industrie et à toutes les métamorphoses que lui demandait l'économie domestique.

Ces progrès des arts métallurgiques, progrès qui feront époque dans l'histoire de notre gloire manufacturière, ont singulièrement influé sur la fabrication des objets auxquels sont employées ces précieuses matières. Les manufactures de limes, de scies et de faux, se sont, pour ainsi dire, acclimatées chez nous. L'importation des faux étrangères a graduellement diminué; vingt fabriques ont envoyé à l'exposition de beaux outils de fer et d'acier, qui manquaient à nos expositions précédentes. Les armes, la quincaillerie, la serrurerie, ont partagé le mouvement général. L'orfévrerie elle-même et la bijouterie, qui tiennent d'un côté aux arts du goût, d'un autre aux arts mécaniques, ont fait des progrès. Le perfectionnement du plaqué promet à l'avenir dans cette partie des progrès plus grands encore. Enfin, tout en songeant à l'élégance des formes, à la variété des combinaisons, à la solidité, à la perfection des produits, on n'a point oublié les soins de l'humanité; on a veillé à la conservation des hommes. Un moyen de préserver les ouvriers doreurs de cette mort affreuse et prématurée qui les attend et que précèdent des douleurs lentes et épouvantables, a été découvert et appliqué.

Les machines utiles à l'agriculture se sont multipliées; d'autres machines de toute espèce ont favorisé les progrès des manufactures et des arts. La mécanique a offert plusieurs produits merveilleux, en horlogerie, en optique, et pour les instrumens nécessaires aux sciences exactes. La calcographie et l'imprimerie ont trouvé de nouvelles ressources. La lithographie a facilité la multiplication des dessins. En un mot, comme si le génie des arts s'était trempé au milieu des troubles civils, on a vu parmi tant d'orages s'aggrandir de tous côtés le domaine de l'industrie, et les fruits de ce domaine immense se presser dans les salles du Louvre, pour donner aux Français un magnifique spectacle, qui les consolât de tant de malheurs, nés d'un seul revers.

FIN DE L'ESSAI SUR L'INDUSTRIE.

SUPPLÉMENT.

SUPPLÉMENT.

(N° I.)

DÉLIBÉRATIONS

Des Conseils généraux du Commerce et des Manufactures, établis près du Ministère de l'Intérieur, sur le rétablissement demandé des Corps de Marchands et des Communautés d'Arts et Métiers.

CONSEIL GÉNÉRAL DU COMMERCE.

Rapport fait au Conseil dans la séance du 18 mai 1821.

« Messieurs, il y a quelques années, un mémoire sur le rétablissement des corporations, et sous le titre de requête au Roi, fut publié et affiché avec profusion dans tout Paris; on devait croire qu'il n'en serait plus question : cependant ce mémoire vient d'être tout nouvellement distribué aux deux Chambres. Des tentatives plus sérieuses ont été faites dans celle des Députés.

» Le conseil général des manufactures (1) et la chambre de commerce de Paris, ont pris une délibération à ce sujet; et, vu son importance, vous avez chargé une commission de vous faire un rapport sur la même question.

» Sans titre, sans qualité, on parle au nom du commerce;

---

(1) Voy. plus bas la *Délibération du Conseil général des Manufactures.*

et vous savez, messieurs, que le commerce est généralement opposé aux corporations, comme destructives de l'industrie : nous aurons à démontrer que cette opposition est fondée.

» Vous devez bien penser que nous ne retracerons point ce que cet écrit a d'injurieux pour le commerce; le dégoût que nous en éprouverions, vaincrait la volonté que nous aurions de le faire : que répondre à ceux qui attestent que « les profes-
» sions industrielles et commerciales sont livrées à la plus hon-
» teuse licence; qu'elles ne connaissent plus ni frein, ni règle,
» ni police; que le commerce d'improbité seul prospère; en-
» fin que les vingt-cinq années qui viennent de s'écouler, ont
» vu plus de banqueroutes frauduleuses, que les deux siècles
» qui les ont précédées? » De telles assertions sont indignes d'être réfutées, et nous les laissons pour ce qu'elles valent.

» Pour motiver le rétablissement des corporations, on nous dit que « les grandes manufactures peuvent seules élever à une
» haute prospérité l'industrie d'une nation; que cette industrie
» est écrasée par la concurrence; qu'elle est surchargée d'ar-
» tisans et de marchands de toutes professions qui ne peuvent
» plus subsister; que la France est inondée d'une quantité de
» marchandises dont les prix s'avilissent, et qu'une consom-
» mation, qui décroît tous les jours, ne peut absorber. » Il faut être bien étranger aux changemens qui se sont opérés, pour ignorer qu'aujourd'hui la France est couverte d'établissemens dont les produits de plus en plus perfectionnés par la liberté de l'industrie, se vendent avec profit, et sont, pour ainsi dire, insuffisans aux besoins de la consommation et aux exportations qui, chaque année, augmentent et nous enrichissent de tout ce que la main-d'œuvre ajoute de valeur aux matières premières.

» La douane pourrait donner des notions exactes sur l'impôt annuel que nous paient les besoins, le luxe et la mode de l'étranger. Le conseil général des manufactures dirait que les artisans sont partout occupés, qu'ils vivent de leur travail, remplissent leurs devoirs, élèvent et font instruire leurs enfans; que nulle part il n'existe d'encombrement de produits, qui en avilissent les prix.

» Ne voyons point avec un sentiment de crainte se multiplier le nombre des producteurs; ils sont utiles et jamais dangereux pour l'état. La concurrence excite le zèle, anime le génie et enfante les découvertes. Avec elle, tout monopole est impossible, et les consommateurs sont garantis contre tout bénéfice exorbitant. Si, dans ce grand mouvement d'actions et de volontés libres, quelque entreprise malheureuse ou imprudente vient attrister nos regards, rien du moins n'est perdu pour l'expérience.

» On sait ce que les institutions peuvent sur les hommes : une nation libre, fière de son commerce et de son industrie, rendait le monde tributaire de ses produits; elle avait su acquérir l'art de beaucoup produire et de produire avec économie. La raison et la nécessité avaient vaincu chez elle d'anciens et orgueilleux préjugés, et frayé une route nouvelle, à travers de vieilles habitudes : elle fondai on monopole sur l'allure molle et embarrassée des autre tions, qui ne comprenaient pas, ou comprenaient mal, qu mmerce et l'industrie, pour fleurir, veulent être libres et honorés.

» Une autre nation, long-temps tributaire elle-même, consommant beaucoup, produisant peu, payant chèrement les obstacles qui s'opposaient à ses ccès, a cependant rompu les entraves qui gênaient sa marche industrielle. Elle a prouvé que désormais les Français, cultivant le champ de l'industrie, entreraient dans le partage des fruits, et que le préjugé qui accordait une préférence exclusive aux produits anglais, avait perdu toute influence du moment où l'on était parvenu à fabriquer aussi bien.

» Les avantages inappréciables autant qu'inespérés, de ce grand changement, doivent être essentiellement attribués à la liberté illimitée du commerce et de l'industrie, qui n'est point, qui ne fut jamais, ni licence, ni désordre; elle sert à expliquer le problème de l'étendue de nos ressources, et comment il se fait qu'après tant de revers, de sacrifices et de charges immenses, l'état reste assez riche pour supporter, sans s'affaiblir, le vote annuel d'un budjet de huit cent millions de francs.

» Mais l'agriculture, sous le rapport des améliorations dont elle est susceptible, est-elle donc sans aucune espèce d'analogie avec l'industrie proprement dite? Cependant on ne s'est point encore avisé de former des corporations de cultivateurs, de laboureurs et de vignerons; encore moins de les astreindre à des règlemens, sur la manière de cultiver leurs champs, d'ensemencer leurs terres et de planter leurs vignes.

» Homblières, près de Saint-Quentin, n'était remarquable que par une abbaye, propriétaire pour ainsi dire de tout le territoire. L'industrie de ce village était inaperçue; elle consistait principalement à fabriquer quelques toiles grossières; le nombre des pauvres était considérable. On compte maintenant à Homblières, une filature de coton, des fabriques de schals façon cachemire, de gaze de soie, de toile de mode en coton, de mousseline, de toile gommée, de linons brochés en coton, et divers autres objets propres aux colonies espagnoles et à Saint-Domingue. Tous ces établissemens prospèrent et rivalisent d'efforts et de zèle; ils répandent l'aisance parmi les habitans, les champs sont mieux cultivés et les pauvres ont disparu.

» Que de villes, villages et hameaux ressemblent à Homblières! Qui pourrait parcourir l'Alsace, la Picardie, la Flandre, les montagnes de Tarare, la Normandie, sans être frappé d'admiration! Tout y est en mouvement; on y voit une multitude de fabricans, cultivateurs, qui, durant les mauvaises saisons, trouvent l'emploi d'un temps, qui, sans cela, serait passé dans l'oisiveté, peut-être dans le vice.

» Cependant c'est au nom de la morale qu'on propose de rétablir les corporations qui livreraient à la misère cette classe nombreuse de producteurs. La morale n'a rien qui la lie aux jurandes et aux maîtrises, elle leur est opposée par le droit et le besoin, que chacun a de vivre de son travail sans nuire à autrui.

» Ne nous reportons pas au temps, où l'industrie attendait de la munificence ou du caprice d'un syndic le moment de se faire connaître. Craignons que des entraves mises à la liberté industrielle ne nous privent de quelque ingénieuse découverte qui irait enrichir les peuples qui nous avoisinent. Les corporations ont été un empêchement à la prospérité de l'Espagne; en les supprimant, on vient de nous préparer des rivaux, déjà protégés par des lois prohibitives.

» Mais, dira-t-on, vous parlez des anciennes corporations; ce n'est pas de celles-là qu'il s'agit : où avez-vous appris d'ailleurs qu'elles fussent exclusives? *Jamais dans les corporations le nombre ne fut limité.*

» Expliquons-nous; de deux choses l'une : ou l'on entend que l'industrie reste à la portée de tous; alors il faut renoncer à jamais au système des grandes manufactures, inaccessibles au plus grand nombre : ou bien, il faut adopter le système des grandes manufactures, et alors il n'est pas vrai de dire que chacun pourra s'y agréger; on n'ignore pas qu'elles resteraient l'apanage exclusif de ceux qui les possèdent, ou qui seraient assez riches ou assez protégés pour les acquérir. Dans cette hypothèse, il faudrait bien que le nombre fût limité; il le serait de fait, sinon par l'institution, du moins par l'intérêt de la corporation même : or, limiter, ce n'est pas admettre; ne pas admettre, c'est exclure; voilà le principe des nouvelles, comme des anciennes corporations.

» Dans l'autre hypothèse, les producteurs exercent leur industrie librement, selon leurs facultés, leur penchant, leur génie et les convenances locales : ils ont un guide excellent, le meilleur, le plus sûr de tous, l'intérêt. Ce guide suffira pour qu'ils triomphent des difficultés, et tous leurs efforts tendront constamment à produire le plus et le mieux possible. Voilà le vrai système qui, de tous les industriels, ne forme qu'une même et grande corporation, la seule conforme aux principes et aux droits naturels, la seule qui convienne à l'état de notre civilisation, telle que nous la connaissons, et telle que nous la désirerions, si déjà elle n'existait pas ; cette liberté accordée à chacun, protége également les grands comme les petits établissemens ; tous sont utiles et concourent au succès.

» On nous cite pour point de comparaison, l'Angleterre, où souvent il est question de corporations : on se trompe en généralisant ; leur existence n'y est que locale. Les villes les plus florissantes sont libres ; les industriels gênés par les règlemens de Londres, allèrent s'établir dans les provinces où les corps de métiers n'existaient pas ; c'est l'origine de la prospérité de Birmingham, Manchester, Sheffield et autres villes, qui n'étaient que des bourgades, et qui, par leurs richesses et leur population, se sont élevées au dessus de celles d'York, Cantorbéry et Bristol.

» Les premières tentatives, pour les mécaniques à filer le coton, furent faites par un simple ouvrier, qui parvint à filer plusieurs fils à la fois. Arkwright, alors perruquier, eut connaissance de cette ingénieuse découverte. Il consacra tout son temps à lui donner ce degré de perfection qu'il n'atteignit qu'en 1780. Il fit successivement construire des machines à filer, au moyen des bénéfices que lui avaient procurés ces essais, tout imparfaits qu'ils étaient. Si Arkwright, au lieu d'être perruquier à Manchester, l'eût été dans une ville soumise à des corporations, nul doute qu'au lieu de contribuer si puissamment à la prospérité de son pays, d'avoir produit de si grands changemens dans l'industrie, et acquis une fortune immense et bien légitime, il eût été forcé de ne jamais sortir de sa profession.

» Nous trouvons dans Smith : « Les causes de la prospérité
» de l'industrie, dans la Grande-Bretagne, sont cette liberté de
» commerce, qui, malgré nos restrictions, est pourtant égale
» et peut-être supérieure à celle dont on jouit, dans quelque
» partie du monde que ce soit. »

Les règlemens dont parle Smith sont une tache à la liberté industrielle de l'Angleterre. Le ministère, sous le règne de

Georges II, essaya de les abolir à Londres ; il ne fut point assez fort pour réussir. Les vieilles routines, comme les faux systèmes, ont des racines profondes qui trop souvent résistent aux plus habiles combinaisons.

» Dans la carrière des restrictions, où l'on voudrait nous ramener, le premier pas est le plus important; il détruirait le principe de la liberté commerciale et industrielle, l'esprit des corporations ferait le reste.

» Un homme étranger au commerce et à l'industrie conçoit le projet de leur rétablissement ; il rédige une requête, qu'il propose à la signature de marchands et artisans, et veut que cette pièce exprime le vœu du commerce. *Deux mille marchands et artisans de la ville de Paris connaissent mieux*, dit-il, *que qui que ce soit, les désordres qui affligent leurs professions*. Nous savons aussi comment et pourquoi on a trouvé des signataires ; nous ne nous en étonnons point ; il aura été facile de leur faire comprendre toute l'utilité pour eux de la réussite d'un tel projet ; c'est un grand attrait d'entrevoir moins de concurrence. Être d'une corporation dont on espère limiter le nombre ; prévoir qu'on écartera les plus industrieux ; pressentir qu'on ne fabriquera pas mieux, mais qu'on vendra plus cher ; sont des motifs déterminans.

» Nous opposons à ces signataires intéressés et inconnus, des autorités plus recommandables et plus indépendantes, plus dignes d'inspirer la confiance et de prononcer sur le véritable état des choses. Ces autorités sont les chefs de nos principaux établissemens manufacturiers ; cependant ces chefs, sans trop d'ambition, pourraient prétendre à la dignité du syndicat : sans nul doute, ils seraient les premiers de l'ordre. Mais avant tout, ils sont zélés pour la prospérité de leur pays ; leur intérêt privé leur demande des corporations, l'amour du bien public les leur fait repousser.

» Les progrès de notre industrie sont d'une évidence qui frappe tous les regards ; les étrangers qui parcourent la France témoignent, chaque jour, leur étonnement et leur admiration. N'y aurait-il donc pas une sorte de honte à un Français de les méconnaitre, de les contester? Ne prouverait-il pas par-là, que préoccupé par d'autres idées, peu touché de nos améliorations, il n'en aurait que des notions imparfaites; ou bien que, producteur arriéré, la marche, trop rapide pour lui, de l'industrie de la France nouvelle, l'aurait laissé embarrassé dans les ornières de la routine? La seule ville de Lyon comptait autrefois, au plus, quinze à seize mille métiers de soieries, et on la disait la ville la plus florissante du royaume; aujourd'hui elle en compte au moins vingt-quatre mille, et cette augmentation est à peine aperçue au milieu du mouvement général. A Avignon, ces métiers ont augmenté dans la même proportion; les fabriques de Tarare, avant la révolution, n'existaient pas. Cette ville qui, en 1800 et 1801, comptait à peine dix-huit cents habitans, et n'occupait que six cents ouvriers, en compte sept mille aujourd'hui, et occupe plus de quarante mille ouvriers, dans les départemens du Rhône, Loire, Ain, Allier, Saône-et-Loire et Puy-de-Dôme. Son industrie s'est élevée à un si haut degré de perfection, qu'elle rivalise avec celle de l'Angleterre et de l'Inde.

» La filature du coton, de la laine, du lin et du chanvre à la mécanique; le perfectionnement du tissage; la plupart des grands établissemens formés à cet effet depuis trente ans, réunissant les ateliers de diverses professions nécessaires pour confectionner les outils et les machines, eussent, dès le principe, été paralysés par l'existence des corporations séparées de chaque état; elles n'auraient certainement pas permis que ces diverses professions fussent réunies dans une seule et même entreprise. Les communautés de Paris seulement dépensaient annuellement de 800 mille francs à un million, à plaider; les tailleurs, par exemple, contre les fripiers, pour établir la ligne de démarcation entre un habit tout fait et un vieil habit; les sergers et teinturiers contre des fabricans qui, sans leur participation, s'étaient permis d'inventer d'excellentes étoffes de laine fil et coton, et des préparations nouvelles pour les couleurs bon teint, ainsi que cela a été dispendieusement jugé par le parlement de Rennes. Toutes ces contestations entre des communautés sans cesse aux prises, pour le maintien de ce qu'elles appelaient leurs droits et priviléges, avaient souvent fait proposer l'érection de tribunaux spéciaux chargés d'en connaître.

» Que d'obstacles n'a pas rencontrés le premier fabricant de papiers de tentures si perfectionnés actuellement, et objet d'un commerce d'exportation considérable, pour introduire les nouveaux procédés avant la suppression des maîtrises, parce qu'il était lui-même obligé de créer et confectionner les outils ou ustensiles nécessaires à son entreprise, et que chaque profession analogue l'arrêtait à chaque pas, comme empiétant sur ses priviléges! Mais écoutons-le parler lui-même.

« Je n'avais pas songé aux tracasseries de la jalousie et au » despotisme des communautés; je ne tardai pas à en éprouver l'animosité ou l'humeur; plusieurs corps prétendirent » tour à tour que j'envahissais leurs droits, et il se trouvait » toujours que, soit une partie de ma manufacture, soit une » autre, était une usurpation; le moindre outil que j'imaginais » ou que j'employais n'était plus à moi; c'était l'outil d'une » manufacture; la moindre idée que j'exécutais était un vol » fait aux imprimeurs, aux graveurs, aux tapissiers, etc. Des » administrateurs éclairés me débarrassèrent de ces entraves: » je continuai à perfectionner mes ouvrages; mes nouveaux » succès excitèrent encore la jalousie. Un règlement parut, » qui était destructeur de l'industrie, et me faisait un tort irréparable. Ces magistrats furent bientôt désabusés; ils visitèrent ma manufacture; le règlement fut supprimé. Pour me » mettre une bonne fois à l'abri des persécutions, j'obtins pour » mon établissement le titre de manufacture royale. »

» Ce titre était sollicité et accordé comme un abri contre les tracasseries et les vexations de tout genre, auxquelles était exposé celui qui se livrait à des procédés nouveaux, et qui cherchait à introduire dans sa patrie une industrie étrangère.

» Nous n'ajouterons rien à cette citation, vous connaissez

l'époque où parut le mémoire justificatif de Reveillon ; ce qu'il disait alors, pourrait se dire d'une infinité d'articles nouvellement répandus dans le commerce, et que l'esprit de routine, d'ignorance et de paresse inhérent aux corporations, eût étouffés à leur naissance.

» La fabrication du plaqué, par exemple, qui a fait tant de pogrès en France, depuis plusieurs années, et surtout à Paris, n'aurait point échappé à la surveillance rivale et intéressée des syndics de l'orfévrerie.

» Quel bouleversement n'éprouveraient pas les fortunes manufacturières, si on rétablissait aujourd'hui des classifications séparées d'industries diverses, dont l'existence et le succès ont tenu précisément et tiennent encore à la faculté de concentrer dans une même entreprise plusieurs moyens ou procédés différens ? Qu'importe à la société qu'un bon constructeur de machines devienne en même temps, s'il en a le talent, son propre serrurier ; ou plutôt, tous ses efforts ne tendront-ils pas à favoriser la masse des consommateurs ? Laissons donc chacun libre de produire avec le moins de temps et le moins d'argent possible.

» Les conquêtes si précieuses pour les arts, faites par la chimie moderne, et son application à tant de produits nouveaux ou perfectionnés, tels que les soudes factices, les alums, les miniums, les céruses et les divers acides, eussent été totalement perdus pour nous, si leurs inventeurs ou fabricans eussent été obligés de se pourvoir d'une maîtrise, avant de se livrer à des essais et des expériences coûteuses et multipliées.

» Toutes les innovations dues aux sciences et aux arts mécaniques dans la filature, le tissage, les apprêts et blanchîmens, dans la construction des outils et machines, dans la préparation des cuirs et peaux, dans la fabrication des verres et cristaux, dans l'emploi des métaux, seraient restées enfouies sous le régime des maîtrises, parce que l'intérêt de leurs chefs était, comme il le sera toujours, ou de repousser un ouvrier ingénieux dont la concurrence les forcerait à sortir de leurs habitudes, ou de profiter à son détriment du fruit de ses travaux et de ses découvertes, que le droit de surveillance dans son atelier les mettrait à même de copier.

» En vain chercherait-on à colorer le rétablissement des corporations, du prétexte spécieux de réprimer quelques abus dans l'exercice des professions commerciales et industrielles : les dangers de cette innovation sont bien autrement imminens pour les intérêts particuliers et la richesse publique.

» Qu'on fasse exécuter les lois et les règles actuelles sur les contrats d'apprentissage, sur les livrets des ouvriers, sur les coalitions de ces derniers contre les maîtres, ou de ceux-ci contre les ouvriers, pour faire hausser ou baisser arbitrairement le prix des salaires, sur l'application des marques particulières de chaque fabricant, enfin sur la poursuite, comme faux public, des marques imitées ou contrefaites ; et l'on sera tout étonné de trouver, dans la législation actuelle, des remèdes suffisans au mal dont on se plaint, sans risquer de compromettre l'existence même des fabriques, ou de les forcer à rester stationnaires, quand toutes celles qui nous entourent tendraient journellement à s'accroître et se perfectionner. Enfin, ne vaudrait-il pas mieux, plutôt que de créer des corporations pour avoir des syndicats, se servir des institutions qui existent déjà dans beaucoup de villes de manufactures, nous voulons dire les conseils de prud'hommes ? Dans bien des localités, on apprécie de plus en plus leur utilité : ils ont rendu des services importans et réels à l'industrie. Ces institutions n'offrent point les dangers attachés aux jurandes et maîtrises, et présentent, au contraire, les avantages qu'on peut attendre d'une réunion de fabricans éclairés, appelés par la loi à devenir les conciliateurs, et au besoin, les juges des différens et contestations entre les ouvriers et les maîtres.

» Les professions qui, actuellement, reconnaissent des syndics, soit à Paris, soit dans quelques autres villes, ne peuvent servir de motif, et moins encore d'exemple, pour en appliquer à toutes. En admettant, ce qui est toutefois très-contestable, l'utilité des syndicats qui ont été établis, cette mesure de tolérance seulement, puisqu'elle est en contradiction manifeste avec nos lois, pourrait tout au plus être justifiée jusqu'à un certain point, par la raison que ces professions intéressent la sûreté publique; du moins on a dû le voir ainsi, parce qu'elles s'exerçaient sur des marchandises d'approvisionnement, en subsistances ou en combustibles; encore convient-il d'observer qu'elles ne constituent réellement pas l'exercice d'une branche d'industrie dans son acception rigoureuse. En effet, on ne considère certainement pas comme des fabricans, les boulangers, les bouchers, les charcutiers, les marchands ou porteurs de charbon, les marchands de vins et de bois, tous autorisés ou provoqués à se constituer en bureau par la police, qui croit trouver dans cette réunion des moyens plus faciles et plus commodes d'exercer son influence administrative.

» Cependant n'a-t-on pas vu dernièrement au Havre les calfats, trouvant que leurs journées n'étaient pas assez chèrement payées à 3 fr., et voulant les porter à 3 fr. 50 cent., imaginer de s'établir en corporation, rédiger des statuts, nommer des syndics, et former un bureau où l'on aurait été tenu d'aller chercher des ouvriers et de prendre ceux que l'on aurait bien voulu accorder. On a trouvé la chose assez sérieuse pour en informer le procureur du roi. Les prétendus statuts ont été promptement annulés, et la journée de travail rétablie à 3 fr.

» Les calfats du Havre avaient, sans doute, ouï dire qu'il s'agissait de rétablir les corporations; ils auront trouvé tout naturel de nous en faire goûter les prémices. Qu'on y prenne garde, ce fait est important; il jette une clarté nouvelle sur l'esprit qui animerait ces sortes d'associations qu'on voudrait reconstituer.

» Les scènes tumultueuses, les révoltes d'ouvriers, assez fréquentes autrefois, ne se renouvellent plus depuis le libre exercice de toutes les professions.

» Nous ne nous sommes pas proposé d'examiner la question sous son point de vue politique; nous aurions pu, sans cela, démontrer que cette division systématique de la classe, devenue si nombreuse, des industriels et des ouvriers, sous la direction immédiate de chefs de leur choix, ne serait pas sans danger pour la tranquillité publique, qui, dans certaines circonstances, pourrait n'être point assez protégée par l'action de la police, contre une force réelle qu'on aurait créée. Nous nous sommes limités aux considérations qui sont particulières à l'industrie, et nous ne saurions mieux suppléer à l'insuffisance de notre exposé, qu'en transcrivant ici quelques passages du préambule de l'édit de 1776. Cet édit, remarquable par des vues profondes, par la force du raisonnement et la connaissance des vrais principes, justifié par l'expérience de nos perfectionnemens et de nos découvertes, donne à la suppression des corporations et de leurs nombreux priviléges, les mêmes motifs qui s'opposent aujourd'hui à leur rétablissement.

« Nous devons à tous nos sujets de leur assurer la jouissance pleine et entière de tous leurs droits; nous devons surtout cette protection à cette classe d'hommes qui, n'ayant de propriété que leur travail et leur industrie, ont d'autant plus le besoin et le droit d'employer dans toute son étendue, la seule ressource qu'ils aient pour subsister.

» Dieu, en donnant à l'homme des besoins, en lui rendant nécessaire la ressource du travail, a fait du droit de travailler la propriété de tout homme, et cette propriété est la première, la plus sacrée et la plus imprescriptible de toutes.

» Nous ne serons point arrêtés dans cet acte de justice, par la crainte qu'une foule d'artisans n'usent de la liberté rendue pour exercer le métier qu'ils ignorent, et que le public ne soit inondé d'ouvrages mal fabriqués. La liberté n'a point produit ces fâcheux effets dans les lieux où elle est établie depuis long-temps : les ouvriers des faubourgs et autres lieux non privilégiés ne travaillent pas moins bien que ceux de l'intérieur de Paris. Tout le monde sait d'ailleurs combien la police des jurandes, quant à ce qui concerne la perfection des ouvrages, est illusoire, et que tous les membres des

» communautés, étant portés par l'esprit de corps à se soutenir » les uns et les autres, un particulier qui se plaint se voit pres- » que toujours condamné, et se lasse de poursuivre de tribu- » naux en tribunaux, une justice plus dispendieuse que l'objet » de sa plainte.

» Ceux qui connaissent la marche du commerce, savent » aussi que toute entreprise importante de trafic et d'indus- » trie exige le concours de deux sortes d'hommes : d'entre- » preneurs qui font les avances des matières premières, des » ustensiles nécessaires à chaque commerce ; et de simples ou- » vriers qui travaillent pour le compte des premiers, moyen- » nant un salaire convenu. Telle est la véritable origine de la » distinction entre les entrepreneurs ou maitres et les ouvriers » ou compagnons ; laquelle est fondée sur la nature des cho- » ses, et ne dépend point de l'institution arbitraire des juran- » des. Certainement ceux qui emploient dans un commerce » leurs capitaux, ont le plus grand intérêt à ne confier leurs » matières qu'à de bons ouvriers ; et l'on ne doit pas craindre » qu'ils en prennent au hasard de mauvais, qui gâteraient la » marchandise et rebuteraient les acheteurs ; on doit présu- » mer aussi que les entrepreneurs ne mettront pas leur for- » tune dans un commerce qu'ils ne connaîtront pas assez pour » être en état de choisir de bons ouvriers et de surveiller leur » travail. Nous ne craindrons donc point que la suppression » des apprentissages, des compagnonnages et des chefs-d'œu- » vre expose le public à être mal servi.

» Dans les lieux où le commerce est le plus libre, le nom- » bre des marchands et des ouvriers est nécessairement pro- » portionné aux besoins, c'est-à-dire à la consommation ; il » ne passera point cette proportion dans les lieux où la liberté » sera rendue. »

» Nous engageons les partisans des corporations à lire et mé- diter cet édit, donné sous la monarchie ; ils y trouveront lé- galement constatés les dangers et les maux que nous signalons aujourd'hui. A quoi servirait l'expérience, si on la consultait pour ne pas se laisser diriger par ses leçons?

» En vous soumettant cet exposé des faits, nous n'avons point cherché à porter la conviction dans vos esprits; cette tâche était inutile; vous vous êtes prononcés sur le principe en manifestant à l'unanimité, dans une de vos précédentes séances, votre opposition au rétablissement des communautés d'arts et métiers. Votre but, en nommant une commission, a été qu'elle vous présentât, dans un rapport, le résumé des principaux motifs sur lesquels votre délibération se trouverait fondée.

» Nous devons toutefois ajouter que nous ne saurions concevoir de craintes sérieuses sur le rétablissement des corporations, en voyant la chambre de commerce de Paris, et plus particulièrement le conseil général des manufactures, juge éclairé et compétent dans la matière, unanimes et convaincus, ainsi que vous l'avez été, messieurs, qu'elles tariraient l'une des plus précieuses sources de la richesse nationale.

» *Membres de la commission*, MM. F. Delessert, J. Lefebvre, Pillet-Will, *rapporteur*. »

Délibération.

« Le conseil général du commerce ayant chargé une commission spéciale de lui faire un rapport au sujet d'une pétition adressée aux Chambres, dont les signataires demandent le rétablissement des corps de marchands et des communautés d'arts et métiers.

» Adoptant les motifs et les conclusions de ce rapport;

» Reconnaît que le rétablissement demandé serait également contraire à la justice et à l'intérêt public.

» La justice ne permet pas que la faculté de travailler soit refusée à qui que ce soit. Subordonner à des conditions de privilége, le droit d'exercer une profession industrielle, c'est en exclure presque entièrement les hommes qui n'ont que leur travail pour subsister. C'est les réduire le plus souvent à chercher dans le vice des moyens d'existence.

» On ne saurait, sans détruire l'émulation, ériger l'industrie en privilége, ni lui tracer des règles d'exploitation, sans l'arrêter dans sa marche. Tel serait l'effet des communautés; elles entraîneraient nécessairement des limitations, et dans le nombre de ceux auxquels chaque espèce d'industrie serait permise, et dans les procédés que devrait employer chaque profession. C'est ce qui existait autrefois, et l'on sait combien cet état de choses a opposé d'obstacles au progrès des arts. Les faits rappelés par la commission, en sont la preuve incontestable. Le conseil a remarqué particulièrement ceux qu'elle a puisés dans le mémoire justificatif de Reveillon, mémoire dont l'auteur, victime de la révolution, ne peut être suspect de partialité en faveur des idées qu'elle a fait prévaloir.

» Le conseil a été frappé plus vivement encore des citations extraites de l'édit de 1776. La sagesse et la prévoyance de cet édit sont d'autant plus admirables, qu'on ne pouvait encore que soupçonner les effets d'une entière liberté de l'industrie. Ce qui n'était alors qu'une théorie, a été converti en fait par une expérience de trente années. Livrée dans son intérieur à tous les genres de destruction, épuisée au dehors par des guerres gigantesques, privée des avantages que lui procuraient ses colonies, la France est sortie de ce chaos plus prospère et plur belle que jamais ne l'avaient vue nos ancêtres. Elle supporte encore aujourd'hui des charges dont la seule idée les eût épouvantés. Qui a pu lui créer ces ressources nouvelles et inconnues? C'est le travail, le travail libre d'entraves et excité par la concurrence.

» Le travail agricole a eu, sans doute, une grande part à ce prodige; mais le travail industriel n'y a pas moins puissamment contribué; ils se sont prêté un mutuel appui, surtout depuis l'époque où des institutions constitutionnelles leur ont inspiré une entière sécurité. C'est de l'année 1814, que datent les plus grands développemens. Dans les années antérieures, quoique sa liberté fût reconnue par les lois, elle ne cessa d'être comprimée par la présence de l'arbitraire. Elle en a été affranchie par la sagesse du roi.

» Source de richesses, le travail est encore l'une des meilleures sauvegardes des mœurs et de la paix publique. On ne saurait assez s'étonner des attaques dont il est devenu l'objet.

» Les faits répondent aux déclamations qu'on s'est permises sur les prétendus désordres auxquels le commerce serait livré. Le conseil est convaincu, et il atteste :

» Qu'à aucune époque le commerce de France n'a été plus honorable qu'il ne l'est aujourd'hui, par la bonne foi qui règne généralement dans les transactions ;

» Que jamais le nombre des procès en matières commerciales n'a été moins grand ;

» Que jamais, et dans aucun pays, il n'y a eu moins de faillites, en proportion du nombre des commerçans ;

» Que les marchandises françaises jouissent, en général, de la réputation la mieux méritée pour leur bonne qualité, leur bonne fabrication, l'exactitude des aunages, mesures et quantités. Aussi l'exportation en augmente-t-elle chaque année, tandis que l'importation en France des articles étrangers va sans cesse en diminuant.

» Le conseil n'accuse les intentions de personne ; mais il doit dire que la vérité n'a point été respectée dans le titre que prennent les pétitionnaires. Ils s'annoncent pour être *les délégués des marchands et artisans de la ville de Paris* : non-seulement les marchands et artisans ne se sont point réunis pour donner un pareil mandat ; mais encore, et malgré l'acharnement avec lequel, depuis quatre années, on poursuit cette entreprise, le nombre de ceux que l'on a séduits par la perspective d'un privilége, ne s'élève pas au vingtième du nombre des patentés de la ville de Paris.

» Le conseil arrête, que le rapport de sa commission sera adressé immédiatement à Son Exc. le ministre de l'intérieur, ainsi que la présente délibération signée de tous les membres présens :

» Et ont signé, MM. Duvergier de Hauranne, *vice-président;* Hottinguer, F. Delessert, J. G. Humann, Pillet-Will, Simon, J. J. Outrequin, Ét. Lafond, J. Ch. Davillier, Seillière fils aîné, Soullier, Dussumier-Fonbrune, F. Cottier, Alexandre Gouin, Delaroche, Odier, Louis Perrée, Sellière, J. Lefebvre, Balguerie-Stuttenberg, D. Mottet, *conseiller du roi et président de la chambre du commerce de Lyon;* Terneaux-Rousseau. »

CONSEIL GÉNÉRAL DES MANUFACTURES.

Séance du 24 avril 1821.

« Le conseil général des manufactures, établi près du ministère de l'intérieur, a pris connaissance de la pétition qui vient d'être adressée aux chambres, et dans laquelle quelques marchands de Paris se disant les délégués des marchands et artisans de la capitale, reproduisent une requête déjà présentée, pour solliciter le rétablissement des corps de marchands et des communautés d'arts et métiers.

» Relativement à la forme, le conseil relèvera d'abord l'inconvenance d'une demande rédigée par un avocat, pour quelques individus qui se donnent à eux-mêmes une mission qu'ils prétendent indûment avoir reçue, et sur l'objet de laquelle les véritables commettans n'ont pas pu être et n'ont pas en effet été consultés. Cette délégation est même si peu justifiée, que ce motif a paru suffisant à la chambre des pairs, pour écarter la pétition par l'ordre du jour, dans sa séance du 3 avril dernier.

» Il est de plus assez remarquable qu'en préconisant l'utilité des corporations et en sollicitant leur rétablissement, sous le prétexte plus spécieux que fondé, de l'avantage du commerce et de l'industrie, on évite de faire parvenir cette demande par l'intermédiaire des seules institutions actuelles reconnues par le gouvernement, et qui ont été spécialement créées pour être auprès de l'autorité les organes et les interprètes des vœux comme des besoins de deux branches aussi précieuses de la richesse publique. La chambre de commerce de Paris n'est point, comme on le suppose à tort, un conseil de commerce sans caractère, désigné par la préfecture. *Elle est instituée légalement, choisie par ses pairs,* et elle se recrute successivement de manufacturiers et négocians distingués par leurs lumières. L'opinion unanime que cette chambre a manifestée à différentes époques, sur l'objet de la requête dont il s'agit, fait d'autant plus d'honneur aux principes qui dirigent ses membres, que, pris individuellement, ils gagneraient sans doute au rétablissement des corporations, dont il est probable qu'ils deviendraient les chefs; mais ils savent faire le sacrifice d'avantages personnels momentanés, à l'intérêt permanent bien entendu des classes laborieuses de la société.

» Au fond, quand bien même cette chambre et toutes celles du royaume se réuniraient aux pétitionnaires pour demander les jurandes et maîtrises, il n'en demeurerait pas moins constant pour tout homme impartial et véritablement instruit en matière de commerce et de manufactures, que le prétexte du bien public, dont se couvre la pétition, ne cache réellement que le désir de créer un monopole odieux, profitable à quelques individus, au détriment des masses industrieuses.

» Le conseil général des manufactures a aussi débattu cette question dans plusieurs circonstances, notamment en 1818, et il était resté convaincu à l'unanimité, moins un seul de ses membres, que cette ancienne institution éprouvée, par les esprits justes, antérieurement même à la révolution, ne saurait être rétablie sans faire perdre à notre industrie les immenses avantages obtenus avec la liberté dont elle a joui depuis trente ans : le conseil persiste aujourd'hui unanimement dans la même opinion, persuadé qu'en éteignant toute émulation, nous rétrograderions vers l'enfance des manufactures, à la grande satisfaction de nos rivaux. Ils sont si directement intéressés à nous faire dévier des vrais principes, pour recueillir le fruit de nos erreurs, qu'une telle insistance dans cette demande pourrait bien n'être qu'une suggestion de leur industrie jalouse.

» Le témoignage des faits est irrécusable. Nos progrès dans tous les genres de fabrication, depuis que l'industrie est délivrée de ses entraves, en disent plus contre les corporations, que toutes les déceptions de l'intérêt, de la paresse et de la vanité, ne peuvent prouver en faveur de leur rétablissement.

» Le seul motif plausible que l'on puisse alléguer, repose uniquement sur la nécessité de réprimer ou de prévenir quelques abus qui pourraient s'être introduits dans l'exercice des professions commerciales et industrielles.

» Le conseil, convaincu que la législation actuelle, exécutée strictement, suffirait à l'entière répression des abus, vrais ou supposés, contre lesquels on se récrie, ne peut voir, sans effroi pour l'existence à venir de nos manufactures et pour la fortune publique, invoquer, comme une garantie, la création des jurandes et maîtrises.

» Le conseil arrête que la délibération ci dessus, signée de tous les membres présens, sera adressée à Son Exc. le ministre de l'intérieur par M. le vice-président.

» Et ont signé, MM. d'Arcet, *vice-président*; Milleret, L. Boigues, Sallandrouze, d'Ocagne, G. Dufaud, Bréguet, Claude Salleron, Schlumberger, Roard de Clichy, Emmanuel de l'Aubépin, Henri-Mathieu Qesné, Hacquart, Desrousseaux, Edm. Honoré, Odiot, Guichardière, J. Labat, Bellangé, Chaptal fils, d'Artigues, A. Calenge, Falatieu, Prosper de Launey, Ternaux aîné, Féray. »

(N° II.)

LISTE

Alphabétique et raisonnée des Artistes, Fabricans, etc., qui ont obtenu des Médailles ou autres distinctions, à l'exposition de 1819.

ACCARY (D') père et fils. — *Mentionnés honorablement*, comme fabricans de couvertures de coton, de belle et bonne qualité.

ADELINE (de Saleux), — s'est fait remarquer par le filé bien égal de ses cotons. *Médaille de bronze.*

ADELINE fils (de Mallaunay). — *Médaille de bronze* pour son coton filé au n° 80; fil bon et net. *Mentionné honorablement*, comme fabricant d'excellens fils de lin, filés à la mécanique.

AITKENS (Williams), de Sénonches, — comme inventeur hydraulicien, a obtenu la *Médaille d'or* : il a rendu des services à diverses branches de l'industrie manufacturière, par les perfectionnemens mécaniques dont il est l'auteur.

AJAC (Victor), — comme imitateur heureux des schals de l'Inde, au moyen de la bourre de soie, et comme ayant le premier établi dans la ville de Lyon la fabrication de schals bourre de soie. *Médaille d'argent.*

ALLARD, — comme inventeur du moiré métallique. *Médaille d'argent.*

ALLIZEAU — a exécuté avec beaucoup d'intelligence et de succès, des instrumens de mathématiques fort utiles, très-exacts et précieux pour l'optique, la physique, etc. *Mention honorable.*

Allouard (de Beaulieu). — *Cité*, comme fabricant d'étoffes drapées.

Alluaud. — *Médaille d'argent*, pour avoir établi à Limoges une belle fabrique de porcelaine, et avoir exposé des objets très-bien fabriqués; couverte bien glacée, etc.

Almeyras (de Lyon), — pour avoir perfectionné les *rots*, instrumens de tissage. *Médaille de bronze.*

Ancel. — *Cité*, pour la bonneterie de coton.

André (Jacob), — ouvrier chez MM. Kœchlin, a inventé diverses machines, dont l'usage est devenu commun et précieux dans les fabriques de coton. Il a reçu 300 fr., comme *récompense*.

André et Marmot. — *Mentionnés honorablement*, pour la fabrication du sucre de betterave.

Andréossy (le général). — *Mentionné honorablement*, pour un grand ouvrage sur Constantinople; ouvrage accompagné de gravures nombreuses, représentant des procédés d'arts, dont notre industrie a profité.

Angran (MM.) frères. — *Mentionnés honorablement*, pour avoir exposé deux paquets de coton, l'un rouge et l'autre rose, également solides et brillans.

Anne-Veaute (MM.) de Castres, et

Veaute (Guisbal), — pour d'excellente draperie moyenne, casimirs, molletons, castorins, etc. *Médaille d'argent.*

Anquetil (de Paris). — *Médaille d'argent*, pour la fabrique du piqué blanc.

Anquetil-Desmarest, — comme ayant imité avec perfection le nankin des Indes. *Médaille de bronze.*

Ansault, Chauvat et compagnie. — *Mentionnés honorablement*. pour des draps communs et d'un prix medique.

ARGENCE (madame la marquise d'),—comme inventeur d'un système nouveau pour filer le lin par la mécanique. *Médaille d'argent*

ARNAUD-HAUCISZ, — inventeur d'un carrosse, très-peu sujet à verser, par la nouvelle disposition de l'avant-train et des roues. *Mentionné honorablement.*

ARNAUD-POUSSET (de Loches). — *Mentionné honorablement*, pour des étoffes de laine souples et à bas prix.

ARPIN (Frédéric) et Cᵉ., — ont reçu la *Médaille d'or*; ils ont exposé de belles percales, des piqués de la plus grande finesse, de beaux madras, etc.

ARRAS et AVRANCHES (les hospices d'), — pour leurs dentelles. *Mention honorable.*

AUBERTOT (de Nichon). — Trois *Mentions honorables*, pour la bonne qualité de ses fers, de ses tôles et de son acier.

AUBRAYE (MM.). — *Cités*, comme fabricans de calicots.

AUDIBERT. — *Mentionné honorablement*, pour ses soies grèges, ouvrées et organsinées.

AUGER — a inventé une machine pour broyer le chocolat, sans le secours des bras. *Mention honorable.*

AUTREVILLE (d'). — *Mentionné honorablement*, pour la bonneterie de coton.

AYNARD et FILS, FIARD et MARION. — Draps de bonne qualité pour l'habillement des troupes. Ils sont les fondateurs de la fabrique de Montluel. *Médaille d'argent.*

BACOT père et fils (de Sédan). — *Médaille d'or*. Leurs draps bleus et noirs, extrêmement recherchés des consommateurs, sont ce qu'il y a de plus parfait en ce genre.

BADI frères et LAMBERT, — pour des draps forts, fabriqués avec beaucoup de soin. *Médaille d'argent.*

BALBATRE (de Nancy). — *Mentionné honorablement*, comme ayant établi un commerce très-intéressant de broderies parfaitement exécutées.

BALIGOT père et fils (de Reims), — pour des gazes et toiles ou étamines en gros et en fin, objets soignés. *Mention honorable.*

BALIGOT-REMI. — Étoffes de goût pour gilets, laine et coton, casimirs et flanelles; fabrication agréable, élégante et soignée. *Médaille d'argent.*

BANCE et RAST-MAUPAS (de Lyon), — les premiers fabricans de France, pour le crêpe. *Médaille d'argent.*

BARADELLE — a reçu la *Médaille d'argent*, pour d'excellens ustensiles en fonte de fer douce, etc.

BARBET (Henri), — pour de belles toiles peintes au cylindre et à la planche. *Médaille d'argent.*

BASIN-BUSSON. — *Cité*, pour ses reps de coton.

BASSECOURT et fils. — Couvertures de coton de belle qualité. *Mention honorable.*

BASTIDE (Antoine). — *Cité* pour la draperie commune.

BAUSON, — imitateur des schals de cachemire, et inventeur, pour leur fabrication, d'un procédé facile et prompt, que peuvent exécuter des enfans sous la dictée d'une ouvrière. *Médaille d'argent.*

BAUVE (de), — pour de bon chocolat, des pastilles, etc. *Citation.*

BEAUNIER (ingénieur en chef), — a obtenu la *Médaille d'or* pour avoir perfectionné la fabrication des aciers, et l'avoir basée sur des principes nouveaux, sûrs et faciles.

BEAUVAIS (hospice des pauvres de). — *Mentionné honorablement*, pour ses étoffes de laine assez bien fabriquées.

BEAUVAIS et Ce. (de Lyon), — rivaux de MM. Depouilly et compagnie, de Lyon, ont obtenu la *Médaille d'or* pour leurs nombreux et excellens produits; étoffes de soies, de soie et coton, robes tissées d'une manière nouvelle, *duvets* de cygnes, bordures *imitant la peau*, velours royal de leur invention, crêpe de la Chine, etc.; tous objets fabriqués avec un soin parfait, et avec un goût rare.

BEAUVISAGE et compagnie, — le premier, en France, qui ait employé la *laque* dans la teinture, a obtenu de très-bel écarlate par ce procédé. *Médaille d'argent.*

BECKER (Denis). — *Mentionné honorablement* pour la bonneterie de coton.

BÉGUÉ (Pierre), — pour avoir exposé de joli linge de table, ouvré. *Mention honorable.*

BÉLANGER (de Saint-Léger). — *Médaille d'argent*, comme inventeur de machines perfectionnées, très-utiles pour les filatures de laines.

BELLANGÉ et DUMAS-DESCOMBES, — ont obtenu, en 1806, une *Médaille d'argent* pour la perfection de leurs étoffes de soie, de laines mérinos et cachemire. *Médaille d'or* en 1819. Ils ont rendu à l'industrie les plus grands services, par la variété de combinaisons qu'ils ont apportée dans la fabrication des tissus, gazes, etc.

BELLANGER et VAISON. — *Médaille de bronze*, pour leurs tapisseries, également remarquables par le bon goût du dessin et la perfection du travail.

BERARD (de Montpellier), — chimiste habile, a exposé de bel alun, du sulfate, etc. *Médaille d'argent.*

BERNISET père et fils, — menuisiers. *Mention honorable.*

BERTE et GRENEVICH. — *Médaille d'argent*, pour leurs papiers à la mécanique, genre de fabrication auquel ils ont donné un nouveau développement.

BERTHÉ. — *Mentionné honorablement*, comme fabricant de

couvertures de coton, de belle et bonne qualité.

BERTHOUD frères. — *Médaille d'or*. Trois pièces d'horlogerie exécutées avec la plus grande perfection.

BERTOUX. — Colles-fortes de très-bonne qualité. *Médaille de bronze*.

BEURNIER frères, — ont obtenu la *Médaille d'argent*, pour des ébauches de mouvemens de montre, dont le prix est aussi modique, que la fabrication soignée.

BESANÇON (horlogers de), — ont mérité qu'une *Médaille d'argent* fût déposée en leur honneur, à la mairie de Besançon.

BRUNAT. — *Mentionné honorablement*, pour échantillons d'ornemens divers, faits avec une pâte particulière et nouvelle.

BEURNIER frères. — *Médaille d'argent*, pour ébauches de mouvemens de montres bien exécutés et à bas prix.

BIRON, — *Mentionné honorablement;* fabrication des faux.

BLANCHON aîné, — serrurier, a perfectionné le métier à lacets, et donné à son département (Orne) une industrie nouvelle et florissante; 300 fr. de *récompense*.

BLECH-FRIES, et C°. — *Médaille d'argent*, pour les belles toiles bleu-lapis qu'ils ont exposées.

BLERIOT. — *Cité*, comme fabricant de coton.

BLONDEAU frères. — *Médaille de bronze*, comme directeurs d'une grande et utile manufacture d'outils d'horlogerie, en fer et acier poli.

BLUMENSTEIN (de) et FAÜREJEAN, — ont obtenu la *Médaille d'argent*, pour nouvelles préparations de métaux.

BOBÉE, — pour divers produits chimiques très-bien préparés, entre autres de l'acide acétique, pur, limpide et très-concentré. *Médaille d'argent.*

BOBILLIERS et NICOD. — *Mentionnés honorablement.* Fabrication des faux.

BODIN. — *Médaille de bronze.* Il a exposé de beaux échantillons de soie filée à la Gensoul, et d'un beau travail.

BOGGIO. — Lames de fleuret, d'une belle fabrication. *Médaille de bronze.*

BOIGUES, DEBLADIS et GUÉRIN, — ont obtenu une *Médaille d'or* pour leurs tôles, leurs fers-noirs et leurs fers-blancs, leurs cuivres, etc. Le jury a déclaré que chacun de ces produits eût mérité une *Médaille* particulière.

BOILEVIN, — pour alênes d'une belle fabrication et d'un grand débit. *Médaille d'argent.*

BOILLEAU, — pour un cor perfectionné. *Médaille de bronze.*

BOISRICHARD (madame). — *Mentionnée honorablement,* a exposé de beaux ouvrages en cristal de roche.

BOIXOT, PALOT et Ce. — *Mention honorable.* Draps de prix modéré.

BONNAIRE et Ce., — pour les belles dentelles et blondes qui sortent de leur manufacture. *Médaille d'argent.*

BONNARD, — a inventé des moyens de filer la soie plus facilement et plus parfaitement qu'autrefois. On lui doit un grand nombre d'autres inventions et perfectionnemens, très-utiles pour les fabriques de soie, l'éducation des vers à soie, etc. *Médaille d'or.*

BORDEAUX-FOURNET. — Bonnes tôles. *Citation.*

BORDIER-MARCET, — inventeur d'une nouvelle espèce d'éclairage, et de fanaux bien construits. *Médaille d'argent.*

BOST-MONTBRUN (de Saint-Remy). — *Mentionné honorablement.* Coutellerie.

BOUCHER. — Plomb de belle fabrication, ouvrages en plomb laminé, bien exécutés. *Médaille de bronze.*

BOUCHER fils (de Rouen).—*Médaille d'or.* Ses fils de laiton, cuivres laminés, etc., ont paru de la plus belle qualité; le jury a déclaré que chacun de ces produits, pris à part, méritait le prix.

BOUCHER (de Paris). — *Cité*, pour ses souliers *corio-claves*, de bonne qualité.

BOUCHET.—*Mentionné honorablement*, comme mécanicien, inventeur de plusieurs machines utiles.

BOUDART fils, — pour gants très-bien teints. *Mention honorable.*

BOUGON fils. —*Mentionné honorablement*, pour gravures en bois, très-bien exécutées.

BOULANGER, — fabricant de calicots. *Citation.*

BOULEY-FRESNEL. — *Mention honorable.* S'est fait remarquer par la finesse et la belle exécution des rubans de fil qu'il a exposés.

BOURDIER, — comme inventeur d'un instrument à fendre les roues de montre; et horloger très-habile pour les effets d'horlogerie compliquée. *Médaille d'argent.*

BOURDON et PETON, — ont obtenu la *Médaille de bronze*, pour draps bien fabriqués.

BOURGES (maison de refuge de). — *Mention honorable*, pour draps, couvertures et toiles, fort recherchés.

BOURILLON, — pour bonne fabrication de laine. *Mention honorable.*

BOURSIN. — *Cité* pour ses draps, et *Mentionné honorablement* pour ses molletons.

Bouvard (madame veuve) et — C^e. *Mention honorable.* Superbe étoffe, fond d'or, etd'un grand effet.

Bréant, — a obtenu la *Médaille d'argent* pour avoir rendu la platine malléable.

Bréhier. — *Médaille d'argent.* A exposé un des plus beaux produits que le corroyage puisse obtenir.

Tresp fils. — Soieries. *Mention honorable.*

Breton (Jean-Antoine), — pour diverses améliorations apportées au métier à tisser. *Médaille d'argent.*

Briedier frères. — *Mentionnés honorablement*, pour leur casimir noir, moelleux et solide.

Brien. — *Mention honorable.* Papier bien fabriqué.

Brunel, — teinturier; belles nuances de soie violette. *Mention honorable.*

Burette. —*Mentionné honorablement*, pour plusieurs inventions mécaniques utiles à l'agriculture et à l'économie domestique.

Burgin. — Perfectionnemens de machines. *Mention honorable.*

Buyer (madame veuve). — *Mention honorable.* Beaux fers-blancs.

Cabannes (de Nîmes). — *Mentionné honorablement.* Fabrication de mouchoirs et écharpes.

Cadet-de-Vaux et Denuelles. — Fabrique de porcelaines. *Médaille d'argent.* Belle dorure mate.

Cahier, — s'est montré digne de la *Médaille d'or*, par divers ouvrages d'orfévrerie et d'argenterie.

Caignard de la Tour (le baron), — auteur de la *caignardelle*, ou machine propre à porter les gaz sous les liquides, a reçu la *Médaille d'argent.* Il a exposé deux autres machines aussi curieuses qu'utiles, l'une pour compter les vibrations, l'autre pour produire le vide.

CAILLE (de Roistel). — *Mention honorable*. Calicots.

CAILLON. — *Médaille d'argent*, pour une machine très-utile, servant à canneler et raboter le fer.

CALENDER. — Bonnes couvertures à bas prix. *Médaille de bronze*.

CALENGE. — *Mentionné honorablement*, pour la fabrication des calicots.

CALLA, — pour avoir perfectionné diverses machines. *Médaille d'argent*.

CALLI-GRAND-VALLÉE (madame veuve). — *Citée* pour la draperie commune.

CANSON frères (MM.). — *Médaille d'or*, pour la perfection de leurs papiers, dont ils ont envoyé de complets et admirables assortimens.

CAPRON. — *Cité*, comme fabricant de schals.

CAPTIER (de Lodève). — *Médaille d'argent*. Draps remarquables par leur beauté et l'excellence de leur fabrication.

CARAILLON-GENTIL, — le premier qui ait nationalisé la fabrication de ces cartons d'apprêt, qui donnent le lustre au drap. *Médaille de bronze*.

CARME frères (MM.). — Deux fois *Cités*, pour la draperie commune et les toiles.

CARON, — inventeur des lampes dites à niveau constant. *Mention honorable*.

CARON-LANGLOIS, — s'est également distingué, comme fabricant, et comme blanchisseur de toiles. La finesse de ses tissus n'est pas moins remarquable que leur extrême blancheur. *Médaille d'argent*.

CARPENTIER de Bayeux (madame), — a été jugée digne d'une *médaille de bronze*, pour ses robes, voiles, dentelles, etc., d'une exécution agréable, et d'un beau dessin.

CARY frères (MM.). — Beau linge de table. *Mentionnés honorablement.*

CAUCHOIX, — opticien, auteur des grandes lunettes achromatiques, soumises à l'institut en 1811, et d'une foule d'instrumens de mathématiques, qui prouvent la réunion rare d'une grande habileté, d'une exactitude parfaite, et de connaissances théoriques fort étendues. *Médaille d'argent.*

CAZALIS et CORDIER fils, — comme constructeurs d'une nouvelle machine à vapeur, peu dispendieuse et très-utile. *Médaille d'argent.*

CESSIER, — a perfectionné la fabrication des armes à feu. *Mention honorable.*

CHAGOT. — Cristaux d'une grande richesse et d'un goût exquis. *Médaille d'or.*

CHAMBERT-BOURDILLON et Cᵉ., — a obtenu la *Médaille d'argent*, pour ses perkales superfines.

CHAMBON. — *Mention honorable.* Soieries.

CHAMPION, — inventeur de nouvelles mesures linéaires, sur ruban, recouvertes d'un vernis souple. *Mention honorable.*

CHAMPOISEAU (Noël). — *Mentionné honorablement.* Soieries.

CHANNEBOT. — Schals faits au lancé, imitant les schals de l'Inde. *Médaille de bronze.*

CHANOT, — inventeur des violons perfectionnés, a créé une nouvelle branche d'industrie. *Médaille d'argent.*

CHARDRON. — Laine filée, qui contribue beaucoup à la perfection des casimirs de Sedan. *Médaille de bronze.*

CHARLES (madame veuve). — Coutellerie commune. *Citation.*

CHARNIER. — *Cité*, pour draperies communes.

CHARPENTIER fils. — *Id.*, pour *id.*

CHATELAIN et Ce., — pour des objets de plaqué, fort bien exécutés. *Deux Mentions honorables.*

CHATELLERAULT (fabrique de). — *Mentionnée honorablement*, pour coutellerie fine.

CHATONEY, LEÜTNER et Ce. — *Médaille d'or.* Leurs tissus de toute espèce, éclatans, fins et solides; leurs mousselines, perkales, etc., ont été regardés comme des modèles, pour la fabrication, la belle qualité, etc.

CHAUFAILLE. — Fer doux, de très-bonne qualité. *Mention honorable.*

CHAUSSET et AVERTON. — *Médaille de bronze*, pour draps bien fabriqués.

CHAUVET et fils. — Draps remarquables par l'excellence de leur fabrication. *Médaille d'argent.*

CHAVAUX, — a reçu la *Médaille d'argent*, pour ses draps noirs.

CHEMIN. — Balances faites avec soin. *Mention honorable.*

CHENUT et Ce. — *Mentionné honorablement*, pour ses broderies sur tulle et mousseline.

CHERBOURG (association de charité et hospice de). — *Double Mention honorable*, pour voiles, dentelles et divers tissus bien fabriqués.

CHERUEL fils. — *Deux fois Mentionné honorablement* pour ses beaux mouchoirs façon des Indes, et pour la teinture rouge enfumée, qu'il emploie dans leur fabrication.

CHERVEAU, — a exposé divers produits chimiques. *Citation.*

CHEVALIER, — a exécuté avec adresse plusieurs instrumens d'optique. *Citation.*

CHRISTIN. — *Mentionné honorablement*, pour la belle qualité des peaux qu'il a envoyées.

CHRISTOPHE, — fabricant de plaqué en or et en argent; pour

boutons de métal très-bien soignés, et pour avoir inventé le plaqué à froid, plus expéditif, plus solide et moins dispendieux que le plaqué à chaud : *Médaille d'argent.*

CHUARD (MM.) et Cᵉ., — Soies de belle qualité. Tentures or et argent, d'un effet superbe. Médaillons fabriqués avec le tissu. *Médaille d'or.*

CLAIRVAUX (Maison de détention de), — *Mentionné honorablement.* Tissus de différente espèce.

CLARISSE-PIAT. — Beau linge de table. *Citation.*

CLÉMENT, — pour eau-de-vie extraite de la fécule de pommes-de-terre, et anisette tirée de la même eau-de-vie. *Médaille de bronze.*

CLÉREMBAULT et LECOQ. — *Médaille d'argent*, pour mousselines claires et doubles, très-bien fabriquées.

COLLIER. — (Voy. Poupart de Neuflize.)

COLLOT, — *Mentionné honorablement*, pour un thermomètre en spirale, propre à donner la température d'une couche liquide, peu profonde.

COLOMBEL, — *cité*, pour ses coutils.

COMPAGNIE des manufactures de Saint-Quirin, Monthermé et Cirey. — *Médaille d'argent.* Belles fabriques de verres ; miroirs à la façon de Nuremberg ; verres de couleurs d'une beauté remarquable.

CONTAMINE, — fabricant de râpes pour les sculpteurs, préférées par les artistes aux râpes d'Italie, parce qu'elles ne raient point le bois, le plâtre ou le marbre, se ploient quoique trempées, et résistent long-temps. *Mention honorable.*

CONTAMINE (baron de), — *Mentionné honorablement*, pour fils de laiton, bien fabriqués.

COQUET-VALLE (d'Arras). — *Médaille d'argent*, pour bonneterie de laine d'une fabrication très-soignée.

CORDIER. — *Médaille d'argent*, pour divers objets d'acier

poli, très-bien fabriqués; et pour avoir porté à un degré très-élevé de perfection la fabrication de la tôle d'acier fondu.

Cordier. — (Voy. Cazalis.)

Cornisset, — pour avoir abrégé la durée du tannage, sans nuire à la bonté du cuir. *Médaille d'argent.*

Coulaux (MM.) frères, — *Mentionnés honorablement*, pour la coutellerie; ont été jugés dignes de la *Médaille d'or*, et pour leurs belles scies, d'une qualité et d'une exécution parfaites, qui soutiennent la concurrence avec les industries étrangères les plus célèbres, et pour leurs belles armes blanches, déjà distingués en 1806.

Courbet-Poulard. — *Médaille de bronze.* Draps de bonne fabrication.

Couret fils aîné, — *cité*, pour draperie commune.

Couret fils, — *idem*, pour *idem*.

Court, — *Mentionné honorablement*. Papier de bonne qualité.

Couture-Dubuisson. — Toiles. *Citation.*

Creisseils et Cot, — *cités*, pour draperie commune.

Cressmon frères. — Perkales bien fabriquées. *Mention honorable.*

Crespel de Lisse, — *Mentionné honorablement*, pour fabrication de sucre de betteraves.

Creutzwald (forge de), — a obtenu la *Médaille de bronze*, pour divers objets en fonte de fer, moulés avec beaucoup de netteté.

Creuzot (fabrique du). — Cristaux. *Mention honorable.*

Crochard. — *Médaille d'argent.* Ses tonneaux faits à la mécanique, par leur égalité parfaite et le peu de temps que demande leur fabrication, ont été regardés comme une invention très-utile.

Crovatto, — a obtenu la *Médaille de bronze*, pour ses mosaïques, d'après un procédé vénitien.

CRUVILLIER et DARBOUX, — pour schals, robes, écharpes, etc., de bonne exécution. *Mention honorable.*

CUÉNIN, — a reçu une *Pension*, pour avoir introduit dans les manufactures plusieurs procédés chimiques et mécaniques très-utiles, dont il est l'auteur, et dont il n'a retiré aucun bénéfice personnel.

CUOQ et COUTURIER, — ont exposé de beaux vases de toute espèce, en platine; ont favorisé le commerce de ce métal, et fait faire de grands progrès à ce genre d'industrie. *Médaille d'argent.*

CUVRU de SIURMONT. — *Mention honorable* : belle prunelle de coton.

DAGOTY et HONORÉ, — pour porcelaines de diverses formes et de genres différens, bien exécutées. *Médaille d'argent.*

DAGUIN. — *Citation*, toiles de bonne qualité.

DAGUIN aîné. — Bandes de fer, bien martinées. *Mention honorable.*

DANET. — *Médaille d'argent.* Sa manufacture, nouvellement établie, a fourni de très-bons draps de diverses espèces.

DANIEL-SCHLUMBERGER et Cᵉ., — pour impressions sur toiles, en dessins dans le *genre lapis*, d'un très-bel effet. *Médaille d'argent.*

DAPRES et AUMONT, — *Mentionnés honorablement*, pour lacets de fil, solides et bien fabriqués.

DARTE frères (MM.), — pour de belles porcelaines, remarquables par la grandeur des dimensions, l'éclat et la beauté des couleurs. *Médaille d'argent.*

DASTIS, — pour draps d'une bonne fabrication, dans le genre d'Elbeuf. *Médaille de bronze.*

DAUTREMONT, — a reçu la *Médaille d'argent*, comme ayant fait faire des progrès à la fabrication des tissus mérinos ; il file lui-même sa laine, et donne des tissus très-variés, de la plus belle qualité.

Davilliers, Lombard et Ce., — fils de coton, très-beaux, sans vrille et bien nourris. *Médaille d'argent.*

Davois, — *Cité*, pour la bonneterie de coton.

Decaen jeune, — a présenté des casimirs coton et cirsacas, d'une fabrication distinguée. *Médaille de bronze.*

Declanlieux. — *Médaille d'argent*, pour avoir perfectionné le peigne sans fin, instrument très-important pour la filature des laines.

Décresme, — pour de belles étoffes pour gilets. *Mention honorable.*

Delfau *dit* Lamotte, — *Mentionné honorablement*, pour avoir perfectionné diverses machines.

Deffontis-Gilbert. — Bonnets de coton. *Citation.*

Degen, — pour avoir perfectionné la fabrication des velours: *Mention honorable.*

Deglesne-Cousin, — *Mentionné honorablement;* gants parfaitement bien faits.

Degrand. — Coutellerie commune : *Mention honorable.*

Deharme, — Mécanicien ingénieux et soigneux, a exposé un bel assortiment de quincaillerie, et a été *Mentionné honorablement.*

Delabel de Surmont, — pour l'excellente qualité de ses casimirs de coton : *Mention honorable.*

Delacour. — Soieries. *Mention honorable.*

Delagarde, — *Médaille d'argent :* papiers fabriqués avec une extrême perfection.

Delahaye et Williot, — ont reçu la *Médaille de bronze*, pour impressions à sujets, sur coton, faites au cylindre.

Delaloge. — Beau tapis de table en cuir verni : *Mention honorable.*

DELAMARCHE et DIEN, — *Mentionnés honorablement :* globes célestes et terrestres:

DELAMARRE (Jean). — *Mention honorable*, pour dentelles.

DELAMOTTE, — pour fusil d'une belle exécution. *Mention honorable*

DELANOS, — pour faux et faucilles. *Mention honorable.*

DE LA NOUVELLE, — a présenté de beaux sucres de betteraves *Mentionné honorablement.*

DELARUE (Julien), — comme apprêteur de nankins, calicots, etc., a rendu de grands services au commerce de Rouen. *Médaille d'argent.*

DELAYE-PISSON. — *Médaille de bronze*, pour de très-beaux velours d'Utrecht.

DELISLE fils, — *Cité*, pour toiles.

DELLOYE (madame Ve) et fils. — *Médaille de bronze :* beaux mouchoirs de batiste, façon madras ; couleurs solides, tissu beau et fin, belle teinture.

DELOYNE (Benoît), HALLIER et Ce., d'Orléans, — casquets turcs, façon de Tunis, pour le commerce du Levant. *Médaille de bronze.*

DELPECH, — a obtenu la *Médaille de bronze.* Alun, qui, essayé comparativement avec celui de Rome, a donné moins d'oxide de fer.

DELRUE-FLORIN, — *Mentionné honorablement*, pour casimirs de coton.

DELTUF, — pour beaux cotons filés. *Médaille d'argent.*

DEMENOU et DELAMBERT. — *Médaille de bronze.* Beau tapis tricoté, mis en couleurs par impression. — *Mentionné honorablement*, pour molletons bien fabriqués.

DENIELLE, — draperie commune. *Mention honorable.*

DEPOUILLY et Ce., — propriétaires d'une des plus belles manufactures des environs de Lyon ; ont envoyé de très-belles étoffes de soie, pour toutes saisons ; ont propagé et perfectionné la machine dite *à la Jacquart*, inventé des étoffes nouvelles, etc. *Médaille d'or.*

Dequenne et Monmouceau. — *Médaille d'or*, pour aciers cémentés.

Deramet, — charpentier à Vienne (Isère). *Mention honorable.*

Derosne, — pour avoir fait connaître et adopter le charbon animal dans le raffinage des sucres, et perfectionné l'appareil distillatoire de M. Cellier-Blumenthal. *Médaille d'argent.*

Desarnaud-Charpentier (madame Ve), — a obtenu la *Médaille d'or*, pour des candélabres, lustres, vases, etc., en cristal orné de bronzes ; pièces très-remarquables, soit par la grandeur de leurs dimensions, soit par l'élégance de leurs formes.

Desclaux, — Beaux maroquins. *Mention honorable.*

Désétables, — a reçu la *Médaille de bronze*, comme inventeur d'une nouvelle machine à faire le papier, et comme fabricant très-distingué de papiers de couleurs.

Desjardins : — yeux artificiels. *Mention honorable.*

Desjardins-Renoult, — *Mentionné honorablement*, pour ses calicots.

Desmarest, — *Double mention honorable*, pour teinture sur fil de lin par la garance, et de belles teintures de coton.

Desmoulins, — a fabriqué le plus beau vermillon de toute la France, et exposé un échantillon (n° 1) qui surpasse tous les vermillons connus. *Médaille de bronze.*

Desnières et Mathelin, — *Médaille d'argent.* Plusieurs objets d'orfévrerie très-bien exécutés, entre autres une pendule de forme architecturale, en cuivre et sans dorure.

DESPEAUX, — *Mentionné honorablement*, pour nankins.

DESPIAU. — *Médaille de bronze*, pour très-beau linge fin.

DESPREZ fils, — *Mentionné honorablement*. Fers-blancs.

DESPREZ, — a pratiqué avec succès l'incrustation dans le cristal. *Mention honorable*.

DESTIGNY — a reçu la *médaille de bronze*, pour avoir perfectionné les pendules ordinaires.

DESTOUP et BENTALOU. — Tannage. *Citation*.

DESURMONT. — *Mention honorable*. Calicots.

DIDELOT-PERRIN et DIDELOT-REGNOUT, — *Mentionnés honorablement*, pour tiretaines.

DIDOT (Henri), — comme inventeur de la fonderie polyamatipe, découverte importante dans l'art typographique. *Médaille d'or*.

DIDOT-SAINT-LÉGER — a obtenu la *médaille d'or*, pour les progrès qu'il a fait faire à l'art de fabriquer le papier par machine.

DIETZ, — teinturier, a présenté de belles nuances rouge et rose. *Médaille de bronze*.

DOBO, — *Mentionné honorablement*, comme inventeur d'un nouvel encliquetage, mécanisme simple et susceptible de plusieurs applications utiles ; a obtenu la *Médaille d'argent*, pour avoir appliqué les machines à filer le coton aux filatures de laine, et avoir ainsi favorisé les progrès de cette dernière branche d'industrie.

DOCAGNE. — Dentelles d'un travail difficile et d'une belle exécution. *Médaille d'argent*.

DODILLET, — ouvrier mécanicien, a inventé plusieurs machines utiles : 300 fr. de *récompense*.

DOLÉ fils, — pour linge de table damassé. *Mention honorable*.

DOLFUS-MIEG et Ce. — *Médaille d'or*. Schals de coton d'une belle fabrication, de couleurs vives et durables, d'une grande variété de dessins, jouissant de la plus grande estime dans le commerce.

DOLEY, — *Cité*, pour ses coutils ; *Mentionné honorablement*, pour ses droguets et ses finettes.

DORÉ. — *Mention honorable*. Draps communs.

DOUAULT-WIÉLAND. — Parures et bijoux en strass, du plus bel effet. *Médaille de bronze*.

DOURDAN (maison de correction de), — *Mentionnée honorablement*, pour les beaux nécessaires en nacre exécutés par les détenus. Industrie honorable pour la France, et douce pour l'humanité ; qui donne l'amour du travail et prépare des moyens futurs de subsistance à des classes entières d'individus flétris.

DOYEN, — *Mentionné honorablement*. Cotons filés.

DUBOSC fils. — Schals et rouanneries. *Citation*.

DUBOST jeune. — *Mention honorable*. Bonneterie de fil et de soie, du plus beau travail.

DUBUC jeune, — *Cité*, pour produits chimiques.

DUCHAUSSOY, — pour bonneterie de coton. *Mention honorable*.

DUCHEMIN, — horloger, a fait preuve d'un esprit rare d'observation et de recherche dans ce qui tient à son art. *Mention honorable*.

DUCHESNE et TIEULEN. — *Citation*. Calicots.

DUFAUD — a singulièrement perfectionné, en France, le travail du fer, et préparé par ses découvertes une révolution complète dans l'art de forger. *Médaille d'or*.

DUFOUR. — Papiers peints, bien composés et d'un bon style. *Médaille d'argent*.

DULAURENT, — *Cité*, pour toiles communes.

DULERAIN. — Bonnes toiles à voiles. *Citation*.

DULUD père. — *Mention honorable*. Calicots.

DUMARAIS — a fabriqué de fort bons fromages, façon d'Hollande. *Mention honorable.*

DUMAS fils, — *Mentionné honorablement*, pour roulettes en fonte, bien exécutées, et sur de nouveaux modèles.

DUMAS (de l'Arriège). — pour draps dans le genre d'Elbeuf, d'une bonne fabrication. *Médaille de bronze.*

DUMERY. — *Mention honorable.* Fermoirs de sac en acier poli, d'une belle exécution.

DUPLAT. — *Médaille de bronze*, pour avoir inventé de nouveaux procédés pour la gravure en taille de relief.

DUPONT-BOILLETOT, — *Mentionné honorablement.* Cotons filés.

DUPONT (de Troyes). — Cotons : fabrication très-soignée. *Médaille d'argent.*

DUPREZ, — *Cité*, pour draperie commune.

DUPREZ aîné, — *Idem*, pour *idem*.

DURAND-DAMICH. — Draperie commune. *Mention honorable.*

ÉCOLE d'arts et métiers d'Angers. — Produits importans d'une institution très-récente et déjà très-florissante. *Mention honorable.*

ÉCOLE de Châlons-sur-Marne, — a obtenu deux *Mentions honorables* et la *Médaille d'or*, pour la perfection et la grande variété de ses produits, en serrurerie, ébénisterie, fabrication d'instrumens de musique, mécanique, etc.

ENGELLMANN, — a perfectionné la lithographie, et imité sur la pierre les effets du lavis. *Mentionné honorablement.*

ERRARD (MM.) frères. — *Médaille d'or.* Pianos et harpes d'une exécution supérieure.

ESCORNEL, — *Cité*, pour la mégisserie.

Estivant de Brau. — Colles-fortes. *Médaille d'argent.*

Estivant (P. J.) — *Idem*, pour *idem.*

Fabre, — *Mentionné honorablement*, pour bonneterie de laine.

Fages. — Londrins et mahouts, bien fabriqués : *Médaille d'argent.* Beaux tissus mérinos : *Médaille de bronze.*

Fallatieu, — deux fois *Mentionné honorablement*, pour la fabrication de l'acier, et pour d'excellens fils d'acier et de fer ; a obtenu une *Médaille de bronze*, pour la fabrication du fer-blanc.

Fabel et Fils. — *Médaille de bronze*, pour beaux mouchoirs, façon des Indes. Ces fabricans ont été *Mentionnés honorablement*, pour leurs teintures sur coton.

Fauconnier, — *Honorablement cité*, pour un beau vase de forme antique propre à contenir et à verser, sans robinet extérieur, deux liqueurs différentes.

Nota. Au moment où nous mettons cette liste sous presse, M. Fauconnier vient d'exposer dans ses ateliers, rue du Bac, un magnifique service de 50 pièces, également remarquables pour l'élégance des formes et pour le fini de l'exécution.

Faulquier. — Draps bien fabriqués, à des prix modérés : *Médaille d'argent.*

Fauquet frères, — deux fois *Mentionnés honorablement*, pour calicots et cotons filés.

Faverau. — Bonneterie. Perfectionnemens et produits d'une belle fabrication : *Médaille d'argent.*

Faveret, — inventeur du cylindri-mètre, nouvel outil d'horlogerie ; et horloger distingué, a obtenu la *Médaille d'argent.*

FEUCHÈRE. — *Médaille d'argent.* Garnitures de cheminées, girandoles, bronzes, etc., etc.

FÉVRIER, — *Cité*, pour fabrication du coutil.

FIARD. — (*Voy.* AYNARD.)

FIÉVET. — Cotons filés. *Mention honorable.*

FIRMIN et CARDU, — *Cités*, pour bonneterie de coton.

FLANDRY. — Draps communs. *Citation.*

FLAVIGNY, — a reçu la *Médaille de bronze*, pour draps de bonne qualité.

FLEUZAT-LESSART. — Acier corroyé et naturel. *Mention honorable.*

FLORIN (Carlos). — Beaux échantillons de coton filé. *Médaille d'or.*

FLOTTE (MM.) frères, — pour des draps-sérails de la plus belle fabrication : *Médaille d'argent.*

FONTAINE. — *Médaille de bronze.* Clouterie ; objets de bonne fabrication, et de prix très-modérés.

FONTENILLAT. — Très-beaux cotons filés. *Médaille d'argent. Mentionné honorablement*, pour calicots.

FONTEVRAULT (Maison de détention de), — *Mentionnée honorablement*, pour fabrication de toiles.

FORTIN. — Instrumens de mathématiques et d'astronomie, exécutés avec la plus grande habileté. *Médaille d'or.*

FOUQUE, — pour tôles et fers-blancs d'une très-belle fabrication : *Médaille d'argent.*

FOURMAND, — auteur de plusieurs machines et inventions utiles aux fabriques, a reçu la *Médaille de bronze.*

FOURNIVAL et LEGRAND-LEMOR, — *Médaille de bronze*, pour très-beaux tissus en matière de cachemire.

FRÈREJEAN. — (*Voy.* BLUMENSTEIN.)

FRESTEL. — Coutellerie. *Mention honorable.*

FRICHOT, — *Médaille d'argent*, pour bijouterie d'acier, de la plus belle exécution.

FUR et LABOULAYE, — *Mentionnés honorablement*. Coutil et sangles très-bien fabriqués.

GAGNEAU et BRUNET. — Nouvelles lampes, dans lesquelles l'huile est constamment portée au niveau de la flamme. *Médaille de bronze*.

GAILARD, — pour avoir perfectionné les pompes à incendie, *Mention honorable*.

GAILLARD. — *Médaille d'argent*. Belles toiles métalliques.

GAILLON (Maison de détention à). — Produits divers, *Mentionnés honorablement*.

GAIN. — Teinture sur coton. *Mention honorable*.

GALHOT, — *Cité*, pour la mégisserie.

GALLE. — Beaux bronzes ciselés. *Médaille d'argent*.

GAMBEY, — a exposé des instrumens de mathématiques, remarquables par leur exactitude, l'élégance du travail et la belle disposition des pièces. *Médaille d'or*.

GAMBU DE LA RUE. — Beaux schals tissus en couleur. *Médaille d'argent*.

GARDON, — a trouvé le procédé pour faire le fil de cuivre, propre aux travaux des tireurs d'or; procédé que jusqu'ici les seuls Allemands connaissaient. *Médaille d'argent*.

GARISSON, — pour de bons draps, unis et croisés : *Médaille de bronze*.

GARNIER, — *Mentionné honorablement*. Toiles vernies.

GARRIGOU, SANS et Ce, — réunissent la fabrication des faux à celle des limes et de l'acier; ils ont porté ces trois industries à un degré très-élevé de perfection : *Médaille d'or*, et deux *Mentions honorables*.

GATINE, — *Mentionné honorablement*, pour ses schals.

GATTEAUX, — inventeur d'une machine, dite à *mettre au point*, très-utile pour les statuaires. *Médaille d'argent.*

GAU (MM.) frères. — *Mention honorable.* Toiles à voiles.

GAUDRIN aîné et puiné, — *Mentionnés honorablement*, pour leurs papeteries.

GAUDRON, — corroyage. *Mention honorable.*

GAUTHEUR, — *Cité*, pour ses toiles.

GAVET, — *Mention honorable*, coutellerie.

GAYDET et DESTOMBES, — *Mentionnés honorablement*, pour de belles étoffes fines, pour gilets.

GENCY (le baron de), — bonne fabrication de cardes. *Mention honorable.*

GENTIL (Philippe), — a reçu la *Médaille d'argent*, pour cartons d'apprêt en pâte verte, parfaitement fabriqués.

GEORGET, — serrures à combinaison, ingénieusement conçues et très-bien fabriquées. *Médaille d'argent.*

GERDRET aîné. — *Médaille d'or*, pour draps superfins.

GILBERT, — a été *Mentionné honorablement*, pour ses belles cheminées à la Desarnod, faites en poterie.

GILLET : — coutellerie. *Mention honorable.*

GIRAUD, — *Mentionné honorablement*, pour la mégisserie.

GIRAUT. — *Citation*, pour draperie commune.

GLAISER, — a présenté de beaux maroquins. *Mention honorable.*

GOBELINS (manufacture des), — *Mentionnée honorablement*, pour tapisseries.

GORLET, — acier naturel de très-bonne qualité. *Mention honorable.*

GODARD, — *Mentionné honorablement* : laine peignée.

GODARD-MENESSON, — belles flanelles. *Mention honorable.*

GODARD (MM), père et fils, — pour de beaux draps, fabriqués avec la machine à vapeur : *Médaille d'argent.*

GODEFROY (de Rouen), — a obtenu la *Médaille de bronze*, pour calicots écrus et guinées bleues de bonne qualité et à bas prix.

GODEFROY (de Caen), — *Cité*, pour bonneterie de coton.

GODIN, — pour deux leviers hydrauliques perfectionnés : *Mention honorable*.

GODOT, — *Mentionné honorablement*, pour bonneterie de coton.

GOHIN : — bel assortiment de couleurs. *Mention honorable*.

GOMBERT père et fils aîné, et MICHELEZ, — les premiers, en France, qui aient fabriqué des fils à coudre, avec le coton ; bel assortiment de ces fils. *Médaille d'argent*.

GOMBERT (Narcisse) fils, — *Mentionné honorablement*, pour rubans de coton.

GOMBERT fils aîné, et MICHELEZ, — toiles de lin, blanchies par le procédé Bertholien. *Médaille d'argent*.

GONFREVILLE fils, — pour teinture sur coton ; couleurs brillantes, unies et solides. *Médaille d'argent*.

GONIN, — a introduit des perfectionnemens importans dans l'art de la teinture, et fait diverses découvertes dans cette partie ; découvertes qui lui ont mérité la *Médaille d'or*.

GONORD, — graveur : inventeur d'un procédé de gravure, applicable à la décoration des faïences et porcelaines ; procédé dont la certitude a été constatée et dont les résultats ont quelque chose de merveilleux. *Médaille d'or*.

GOSSET (madame V^e), — *Mentionnée honorablement*, pour ses étoffes de crin, à faire des tamis.

GOUPIL, — ustensiles en fonte de fer. *Mention honorable*.

GOUVÉ, — *Mentionné honorablement*, pour coutellerie commune.

GOUY, — *Mention honorable* : fils de lin faits à la mécanique, d'excellente qualité.

GOZZOLI, — exécute avec une rare perfection les ornemens et sculptures en albâtre de Florence. *Mention honorable.*

GRAFFE (MM.) frères, — pour belles cires à cacheter. *Médaille de bronze.*

GRAND (MM.) frères (de Lyon) : — velours chinés et unis, étoffes de soie, or, argent, etc. ; de l'effet le plus riche et d'une fabrication parfaite. *Médaille d'or.*

GRAND (MM.) frères (de Bédarieux), — *Mentionnés honorablement*, pour leurs draps.

GRAND (Amable) et Cᵉ., — beaux produits de leur fabrique d'étoffe de soie. *Médaille de bronze.*

GRAND-GURJEY, — *Mentionné honorablement*, pour ses belles armes blanches, en damas ; et une *seconde fois*, pour sa coutellerie.

GRANDIN, — a exposé des draps bien fabriqués. *Médaille de bronze.*

GRANGERET, — coutellerie. *Mention honorable.*

GRANDJEAN. — *Mention honorable*, pour ouvrage de serrurerie.

GRENT-PÉLÉ, — beau sucre de betterave, de sa fabrication. *Médaille de bronze.*

GRIVEL, — a obtenu la *Médaille de bronze*, pour coton bien filé, pour chaîne.

GROS-DAVILLIER, ROMAN et Cᵉ., — très-bel assortiment de toiles peintes. *Médaille d'or.*

GROUT, — le premier de son département (Seine-Inférieure), qui ait fabriqué du casimir laine et coton. *Médaille de bronze.*

GUÉRIN-PHILIPPON, — velours très-beaux, satin sans envers, d'une fabrication parfaite. *Médaille d'or.*

GUÉRINEAU, — *Cité*, pour peaux mégissées.

GUERINEAU, — pour bonneterie de coton, d'une bonne qualité et d'un prix peu élevé. *Médaille de bronze.*

GUÉRITE, — *Mentionné honorablement*, pour bonneterie de coton.

GUIBAL-VEAUTE (Voy. madame Ve Anne-Veaute)

GUICHARDIÈRE, — *Mentionné honorablement*, pour chapeaux feutrés.

GUILLAUME, — auteur de la charrue *Guillaume*, inventeur de plusieurs instrumens d'agriculture. *Mention honorable*.

GUILLÉ, — (*Voy*. Institution royale des aveugles.)

GUILLEMET, — *Mentionné honorablement*, pour draperie commune; *deux fois Cité*, pour ses molletons et ses basins.

GUILLOIS, — bonneterie de coton. *Citation*.

GUYBERT et JOLYET, — *Mentionnés honorablement*. Toiles de crin.

HAEKS, — le premier, à Paris, qui se soit servi de la scie circulaire, pour débiter les bois de placage. Belles feuilles d'acajou, ainsi débitées. *Médaille de bronze*.

HALETTE, — a obtenu la *Médaille de bronze*, pour avoir changé et amélioré le travail des tuiles, dans toute l'étendue de son département. (Pas-de-Calais.)

HAMOIR. — Batistes d'une belle fabrication. *Mention honorable*.

HAMELIN-BERGERON. — *Mention honorable*, pour son *Manuel du Tourneur*, ouvrage très-complet et très-utile.

HANNOTIN-GEOFFROY. — Mouchoirs très-bien fabriqués. *Citation*.

HARDI, — *Cité*, pour casimirs de coton.

HAREL, — a bien mérité de l'économie domestique, par l'invention et le perfectionnement de ses divers appareils de chauffage. *Médaille d'argent*.

HARING, — a présenté une fort bonne lunette achromatique. *Mentionné honorablement.*

HAUSSMANN (MM.) frères, — les premiers qui aient imprimé sur toiles de soie, de laine, ou coton, au moyen de la lithographie. Ils ont perfectionné l'art de la teinture, et l'art de l'impression sur toiles; et mérité la *Médaille d'or.*

HAZARD. — *Mention honorable*, pour de belles batistes.

HAZARD-MIRAULT, — pour des yeux artificiels, fort habilement exécutés. *Mention honorable.*

HÉBERT. — Schals faits au lancé, à l'imitation de ceux des Indes. *Mention honorable.*

HEILMANN (MM.) frères, et Ce. — Leur maison est la première qui ait imprimé, en rouge d'Andrinople, des schals fond blanc, perses, fouiards, etc., de la plus belle exécution. *Médaille d'or.*

HENRAUX jeune. — *Mention honorable*, pour invention des nouveaux chardons métalliques, à lainer les draps.

HENRIOT frère, sœur, et Ce, — ont obtenu la *Médaille de bronze.* Belles flanelles de différente espèce.

HENRIOT (Mad^e V^e); — *idem*, pour *idem.*

HERBECOURT (d'). — Assortiment d'outils de tout genre, pour les ouvriers en bois. *Médaille d'argent.*

HERBERT DE SAINT-RIQUIER, — *Mentionné honorablement.* Velours de coton.

HÉRISSON. — Modèle de fourneau économique. *Mention honorable.*

HEUSSY (MM.) frères, — *Cités*, pour linge de table.

HIMMER, — mécanicien, a perfectionné les machines à carder et filer la laine. *Médaille de bronze.*

HINDELANG père et fils, — pour duvet de cachemire filé avec une grande perfection. *Médaille d'argent.*

HIRSCH. — *Médaille de bronze.* Échantillons d'ornemens en carton.

HOFER (MM.) et Ce, — superbes schals, entre lesquels se distinguaient les schals couleur lapis, d'une beauté de nuance et de fabrication surprenante. *Médaille d'or.*

HUGONET, — cultivateur du Jura, a reçu 300 fr. de *Récompense*, pour avoir perfectionné la charrue.

HUGUENIN aîné, — *Cité*, pour les calicots.

HURET, — inventeur de plusieurs serrures à combinaisons, fermetures de portefeuilles, etc.; et d'un nouvel instrument ou compas à tracer des spirales, parfaitement combiné. *Médaille d'argent.*

HUVET. — *Mention honorable.* Dentelles.

INSTITUTION royale des jeunes Aveugles, à Paris, dirigée par M. GUILLÉ, — *Mentionnée honorablement.* Elle a donné des produits divers et singuliers, en imprimerie, corderie, tisseranderie, etc.

IRROY. — Produits métallurgiques d'un mérite très-distingué. Limes, faux à lames de rechange, faucilles, scies, aiguilles, etc. Aciers de qualité supérieure. Cinq *Mentions honorables*, et la *Médaille d'or.*

JACOB, — a créé un nouvel art, en fabriquant le borax avec l'acide boracique. *Médaille de bronze.*

JACOBI-LESOURD, — *Cité*, pour bonneterie de coton.

JACOT. — Fers en barres. *Mention honorable.*

JACQUARD, — inventeur de plusieurs machines à tisser; auteur de perfectionnemens nombreux et précieux pour cette industrie; a reçu la *Médaille d'or.*

JACQUINET, — *Mentionné honorablement*, pour appareils

de chauffage très-ingénieusement combinés.

JAHAU-L'HERITIER. — Draperie commune. *Citation.*

JALVI, SAISSET et GUIRAUD, — pour londrins et mahouts, agréables et bien fabriqués. *Médaille d'argent.*

JAMES-COLCOMB. — Couleurs nouvelles et solides. *Mention honorable.*

JAPPY (MM.) frères, — jugés dignes d'une *Mention honorable*, pour leur manufacture de vis à bois, cadenas, et autres articles de quincaillerie; et de la *Médaille d'or*, pour leur manufacture d'horlogerie par mécaniques, qui livre de bons produits, à des prix extraordinairement modérés.

JEANNETTY fils et CHATENAY. — Bijoux en platine, d'une très-belle fabrication. *Médaille d'argent.*

JECKER (MM.) frères, — *Mentionnés honorablement*, pour leurs lunettes destinées à l'usage domestique; ont obtenu la *Médaille d'argent*, pour leurs instrumens de mathématiques et d'astronomie.

JOBERT-LUCAS, — a reçu la *Médaille d'argent*, pour ses étoffes de laine façonnées.

JOUANNE DE LA ROTHIÈRE, — *Cité*, pour bonneterie de coton.

JOUBERT et BONNAIRE (MM.), père et fils. — *Mention honorable*. Toiles à voiles.

JOUFFREY (MM.) frères. — Construction de machines manufacturières. *Mentionnés honorablement.*

JOURJON. — Belles scies d'acier fondu. *Mention honorable.*

JOURNÉE, — pour avoir perfectionné les rots, instrumens de tissage; *Mentionné honorablement.*

JUDE DE LA JUDIE, — *Mentionné honorablement*, pour acier très-bien corroyé.

JULIEN (de Paris). — Clarification des vins, au moyen d'une poudre nouvelle. *Médaille de bronze.*

JULLIEN (de Bourges). — Coutellerie commune. *Mention honorable.*

KETTINGER et fils, — pour impressions diverses sur coton, d'une fabrication soignée. *Médaille de bronze.*

KŒCHLIN (Nicolas) et frères. — *Médaille d'or.* Impressions sur coton, filature et tissage. Nouveaux procédés, qui ont fait faire de grands pas à cette industrie, et produits d'une beauté achevée.

KŒCHLIN (Daniel) — a, par diverses améliorations apportées dans la fabrication des toiles peintes, rendu les plus grands services, non-seulement à la fabrique de ses frères, dont il est l'associé, mais à l'industrie en général. *Médaille d'or.*

KOHLER et MANTZ. — *Médaille d'argent*, pour schals de bon goût, et bien exécutés.

LACHAUME, — *Mentionné honorablement.* Serge commune.

LACOURADE et GEORGEON, — maîtres d'une fabrique de papiers (d'Angoulême), qui fournit à une grande consommation. Beaux produits. *Médaille de bronze.*

LACROIX jeune (d'Angoulême). — *Mention honorable.* Bonne papeterie.

LAGORCE. — Très-beaux schals, façon des Indes, fabriqués au lancé. *Médaille d'argent.*

LAGRAVÈRE et Ce. — *Médaille de bronze*, pour du cadis bien fabriqué.

LALLEMAND, — *Cité.* Schals en coton et rouenneries.

LAMBERT, — pour très-beaux échantillons de filature en fin. *Médaille d'argent.*

LAMI — a reçu une *Médaille de bronze*, pour avoir inventé ou perfectionné diverses machines très-utiles.

LANGLOIS (de Paris), — *Mentionné honorablement*, pour globes célestes et terrestres, bien exécutés.

LANGLOIS (de Bayeux), — a obtenu la *Médaille de bronze*, pour sa porcelaine, fabriquée avec des matériaux indigènes, appliquée à de nouveaux et nombreux usages, et livrée à très-bas prix.

LANGRES (fabrique de), — *Mentionnée honorablement*. Coutellerie.

LANJOROIS. — Poteries-grès et briques réfractaires. *Mention honorable*.

LANSOT, — pour ses parchemins parfaitement préparés : *Mention honorable*.

LAPAINE, — *Cité*. Peaux mégissées avec soin.

LAPIE. — Tôle d'acier fondu. *Citation*.

LARGUÈZE cadet, — *Cité*, pour corroyage.

LAROCHE puîné. — Papeterie de bonne fabrication. *Mention honorable*.

LASTEYRIE (comte de), — a introduit en France l'art lithographique. *Mention honorable*.

LATOUR-SAURAT (de), — *Mentionné honorablement*, pour bonneterie de coton.

LAURENT (de Paris). — Lit mécanique pour les blessés. *Mention honorable*.

LAURENT (d'Amiens), — pour de très-beau velours d'Utrecht : *Médaille de bronze*.

LAVALLÉE et RÉVILLE, — *Mentionnés honorablement*, comme auteurs des *Vues pittoresques et des perspectives du musée des monumens français*.

LEAURET. — Bonneterie de soie. *Mention honorable*.

LEBAILLY fils. — *Mention honorable*, pour cotons très-bien filés.

LEBLANC, — a publié la Collection gravée des meilleurs instrumens agricoles. *Médaille de bronze*.

LEBOUCHER-VILLEGAUDIN. — Toiles à voiles, très-bien faites, d'un tissu très-serré. *Médaille d'argent*.

LEBOULANGER, — *Mentionné honorablement*. Belles dentelles.

LECHEVREL. — Coutil d'une fabrication soignée. *Mention honorable*.

LECOMTE, — a reçu la *Médaille de bronze*, pour dentelles,

blondes, etc., d'un beau travail et de bon goût.

LECORDIER, — *Cité*, pour ses calicots.

LEDURE. — Bronzes très-solidement dorés et d'une belle matière. *Médaille d'argent.*

LEFEBVRE (de Saint-Omer). — *Mention honorable*, pour draperie moyenne.

LEFÈVRE (de Paris, rue Saint-Bernard), — inventeur d'une nouvelle machine à refendre les bois pour placage; machine qui, moins difficile à mouvoir que les moyens ordinaires, fait en moins de temps le double d'ouvrage. *Médaille d'argent.*

LEFÈVRE (de Paris, quai Saint-Paul), — a singulièrement perfectionné l'étamage des glaces. *Médaille de bronze.*

LEFÈVRE-MILLET. — *Médaille d'argent*. Bonneterie de laine, d'un bon travail, d'un prix modique, à l'usage de la campagne.

LEFORT. — Feuilles de corne transparentes, pour lanternes. *Mention honorable.*

LEFRANC-THIRION, — *Mentionné honorablement*, pour teinture sur coton.

LEGER, — a reçu la *Médaille de bronze*, pour divers perfectionnemens apportés à l'art typographique.

LEGOUX, — inventeur d'une machine à piquer les cartes à dentelles. *Médaille de bronze.*

LEGROS-D'ANISY, — *Mentionné honorablement*, pour avoir fabriqué les tuiles, par des moyens mécaniques; a obtenu la *Médaille d'argent*, pour avoir appliqué, en grand, les procédés d'impression à la porcelaine, faïence, etc.

LEMAÎTRE (du Mans). — Étamines soignées. *Mention honorable.*

LEMAÎTRE (de Louviers), Mad^e V^e. — Draps superfins, d'une très-belle qualité. *Médaille d'argent.*

LEMAÎTRE (Jacques), et fils, — *Cités*, pour les calicots; *Mentionnés honorablement*, pour les cotons filés.

LEMENEUR, — *Cité*, pour toiles.

LEMOINE : — retors de coton. *Citation*.

LEMOINE-DESMARRES, *Mention honorable* : beaux casimirs noirs.

LEMYRE, — a présenté un bel assortiment de clous faits par machine. On l'a *Mentionné honorablement*.

LENOIR fils, — a obtenu la *Médaille d'argent*, pour divers instrumens de précision, très-soignés.

LENOIR-RAVRIO. — *Médaille d'argent* : beaux bronzes, bien fondus et bien dorés.

LEPAGE, — pour armes d'une belle fabrication, *Mention honorable*.

LEPAUTE fils, — *Mentionné honorablement*, pour une belle horloge publique; a reçu la *Médaille d'argent*, pour d'autres pièces d'horlogerie, entre autres un beau régulateur.

LEPELLETIER, — *Mentionné honorablement* : cotons filés.

LEPERS, — pour fil à dentelles, de bonne fabrication; *Mention honorable*.

LEPETON, — *Mention honorable*, dentelles soignées.

LEPRINCE et MASSIAS : — velours d'Utrecht, avec ornemens gaufrés en couleur. *Mention honorable*.

LEQUEUX-FOURDIN, — *Mentionné honorablement*, pour dentelles.

LERAY DE CHAUMONT, — pour beau sucre de betteraves, de sa fabrication. *Médaille d'argent*.

LEREBOURS, — a présenté plusieurs excellentes lunettes achromatiques, et instrumens divers, qui lui ont mérité l'approbation de l'Institut et la *Médaille d'argent*.

LETIXERANT et Ce : — assortiment d'alènes de bonne fabrication. *Médaille d'argent*.

LEVRAT (MM.) et Cᵉ., — ont diminué singulièrement le prix du plaqué, et livré d'excellens objets à des sommes très-modiques. On leur a décerné la *Médaille d'argent.*

L'HÉRITIER-TEXIER, — *Cité*, pour draperie commune.

LIANCOURT (fabrique de), — a présenté de bonnes cardes. *Mention honorable.*

LIGNIÈRES et Cᵉ., — *Citation* : tannage soigné.

LIMAGE-PINSONS, — *Mention honorable*, pour schals bien fabriqués.

LOCARD, — beau fil de coton, à coudre et à broder. *Mention honorable.*

LOFFET, — *Médaille de bronze:* schal mérinos, imprimé.

LOIGNON (Maurice), — a reçu la *Médaille de bronze*, pour beaux draps fins.

LORY, — horlogerie fine, à l'usage civil. *Médaille de bronze.*

LOUSTAU, — pour chapeaux tissus, en feutre imperméable, moins chers que les chapeaux ordinaires : *Mention honorable.*

MAGUIN, — bon sucre de betteraves. *Mention honorable.*

MAHIEU, — *Médaille de bronze*, pour toiles bien fabriquées.

MAIN : — chamoiserie et ganterie d'une exécution belle et solide. *Médaille de bronze.*

MALÉZIEUX, — mousselines d'espèces variées et de très-bonne qualité. *Médaille de bronze.*

MANCEAU (mademoiselle) et Cᵉ., — pour chapeaux tissus en soie : *Médaille de bronze.*

MANOURI D'ECTOT, — inventeur de plusieurs machines utiles, a été *Mentionné honorablement.*

MARMOD (MM.) frères, — *Mentionnés honorablement*, pour cotons filés.

MARQUET : — coton filé. *Mention honorable.*

MARTIN, — *Médaille de bronze*, pour londrins bien fabriqués.

MARTINIÈRE, — *Cité*, pour coutil.

MARTOREY, — *Mention honorable*, pour couvertures de coton.

MASSON (André): — beau sucre de betterave de sa fabrication, *Mention honorable*.

MATELIN, JUMEL et DENIERS, — pour carreaux de terre cuite, faits à la presse, réguliers, bien colorés, etc. *Mentionnés honorablement*.

MATHEY-DORET, — l'un des fabricans en grand de l'horlogerie de Besançon; beaux ouvrages de prix modérés. *Médaille d'argent*.

MATHIEU, ROMANET et ALAFORT. — Cuir-laine, flanelle et patent-coat. *Médaille d'argent*.

MATILLOT, — *Mentionné honorablement*, pour draperie commune.

MATLER, — a exposé des maroquins supérieurs, pour le grain, la teinture, etc., aux plus beaux cuirs étrangers, et cependant d'un prix inférieur. *Médaille d'or*.

MAUBON-RUPIER, — *Cité*, pour draperies communes.

MAUPASSANT DE RINCY, — inventeur d'une machine pour fabriquer les bouchons de liége. *Médaille de bronze*.

MAURY jeune. — *Citation*. Draps communs.

MAZARIN père et fils, — *Mentionnés honorablement*, pour beau cuivre laminé.

MÉDARD. — Coutil. *Citation*.

MELLIER-RIBAUCOURT, — pour perkales de belle fabrication. *Mention honorable*.

MELUN (maison centrale à), — *Mentionnée honorablement*. Flanelles, siamoises, calicots, etc.

MELY. — Serge bien fabriquée. *Médaille de bronze*.

MENARD cadet, — inventeur du tricot velouté, beau et nouveau tissu en soie; a obtenu la *Médaille d'argent*.

MERAT et DESFRANCS — ont reçu la *Médaille d'argent*.

Casquets turcs, bien fabriqués et qui sont l'objet d'un commerce étendu.

MERLE, PASCAL et PASCAL fils. — *Médaille d'argent*. Draps forts d'une belle qualité.

MERTIAN (MM.) frères, — ont fondé une belle manufacture de fer-blanc, dont les produits sont extrêmement distingués. *Médaille d'or*.

MEUTZER, — *Mentionné honorablement*, pour mortiers en fonte de fer.

MICHAUD, — mécanicien, a perfectionné le travail des soies. *Mention honorable*.

MICHAUD-LABONTÉ, — le premier qui ait doublé en platine des vases de cuivre d'une grande dimension. *Médaille de bronze*.

MIGEON et DOMINÉ, — pour beaux fils de fer, sans morsure, etc. *Médaille d'argent*.

MIGNOT, — *Mentionné honorablement*. Belles colles-fortes.

MILLE (Auguste). — Fils de coton, depuis le n° 180 jusqu'au 200, beaux, égaux et forts. *Médaille d'or*.

MILLE (Joseph), — maître d'une filature moins étendue que celle de son frère, donne d'aussi beaux produits. *Médaille d'argent*.

MILLERET, — directeur de la belle aciérie de la Bérardière, a envoyé un assortiment très-complet d'excellens aciers. *Médaille d'or*.

MISTRAL. — Chaudronnerie. Il a reçu la *Médaille de bronze* (et non une simple *Mention honorable*, comme il est dit, par erreur, dans le *Rapport du jury*).

MOINET, — *Cité*, pour piqués et basins.

MOLARD jeune, — inventeur de machines d'agriculture, a introduit plusieurs améliorations d'une grande utilité. *Médaille d'argent*.

MOLÉ, — fondeur en caractères, a exposé de beaux produits et obtenu la *Médaille de bronze*.

MOLLERAT, — pour de très-bon vinaigre de bois, produit nouveau et important. *Médaille d'or* et *Mention honorable*.

MONTEBOURG (hospice de), — *Mentionné honorablement*, pour étoffes communes, etc.

MONTERRAT (madame veuve). — Belles étoffes de soie; mélange de soie, filoselle et laine; fabrication louable. *Médaille de bronze*.

MONTMOUCEAU. — (Voy. Dequenne.)

MONTPELLIER (maison de détention de), — pour couvertures de laine et coton, et étoffes diverses bien fabriquées. *Mention honorable*

MORAND. — Beaux velours d'Utrecht. *Médaille de bronze*.

MOREAU et fils : — grande manufacture de dentelles, qui donne de beaux et nombreux produits. *Médaille d'or*.

MORTELÈQUE, — a reçu la *Médaille de bronze*, pour avoir perfectionné la fabrication des couleurs sur porcelaine.

MOUCHEL fils : — beau fil de fer, d'acier, de cuivre; produits de tréfilerie, en laiton, fer, etc., aussi variés qu'intéressans. *Médaille d'or*. *Mentionné honorablement*, pour aiguilles à coudre.

MOULIN, — *Cité*, pour toiles.

MOURGUES (Scipion), de Rouval. — *Médaille d'argent*, comme filateur de cotons : fil de première qualité, bien égal, nourri et très-fort. — *Mentionné honorablement*, comme inventeur d'un semoir à graines rondes, perfectionné.

MOUSSÉ, — moulin à vanner et à cribler. *Mention honorable*.

MOZER-OUDIN, — *Cité*, pour bonneterie de coton.

MURET, — draps moyens, de bonne fabrication. *Médaille de bronze*.

NASSE-DUBOIS, — *Cité*, pour draperies communes.

NAST (MM.) frères, — porcelaines de la plus belle fabrication, de dimensions extraordinaires, de belles formes, d'un grand goût de dessin et d'ornemens, etc. *Médaille d'or.*

NAUGUES : — toiles bien fabriquées. *Citation.*

NÉEL, — *Mentionné honorablement*, pour coutellerie.

NOAILLES fils, — soie sina de belle qualité. *Médaille de bronze.*

NOEL, — *Mentionné honorablement*, pour de belles soieries.

OBERKAMPF (Émile). — Toiles peintes. *Médaille d'or.*

OLOMBEL. — *Médaille d'argent,* pour londrins et mahouts.

OMOUTON. — *Mention honorable.* Rots perfectionnés.

OUDIN, — auteur d'une montre à équation, dont la disposition est ingénieuse. *Citation.*

OURY, — *Mentionné honorablement,* pour beaux maroquins.

PAILLOT (MM.) père et fils, et L'ABBÉ, — ont obtenu la *Médaille d'or,* pour lames de canon fabriquées par machine, et un bel assortiment de fers en barres.

PALFRÈNE, — a porté sur le lin de belles nuances de diverses couleurs. *Médaille de bronze.*

PANNIER-DARCHE, — *Mentionné honorablement,* pour bonneterie de soie.

PARENT, — a présenté de jolies étoffes de goût, pour gilets. *Mention honorable.*

PARIS (manufacture de), — pour coutelleries fines. *Mention honorable.*

PARIS : — incrustation dans le verre. *Mention honorable.*

PASCAL-EYMIEU, — a reçu une *Médaille d'argent,* pour le bel établissement qu'il a fondé, pour la filature de bourre de soie par mécanique.

PATTO, — a exposé de beaux draps. *Médaille de bronze.*

PAVALIER, — *Mentionné honorablement* : plomb laminé.

PAVIE, — a perfectionné l'art de la teinture. *Médaille de bronze.*

PAYEN et Cᵉ., — *Mention honorable*, assortiment de savons.

PAYEN fils, et CARTIER, — borax de belle qualité. *Citation.*

PAYEN et PLUVINET, — ont exposé du sel ammoniac, qui peut remplacer celui qu'on tire de l'étranger. *Médaille de bronze.*

PECARD (de Tours): — beau minium, *Médaille de bronze. Mentionné honorablement*, pour balles et plomb à giboyer.

PECQUEUR, — nouvelle pendule astronomique, d'une invention belle et utile. *Médaille d'argent.*

PEIN, — coutellerie. *Mention honorable.*

PELLETIER, — *Mentionné honorablement*, pour son linge damassé en fil; a présenté aussi de belles mousselines brochées et des linges de table damassés en coton, qui ont mérité la *Médaille d'argent.*

PELLETREAU (Gratien): — corroyage. *Mentionné honorablement.*

PELLETREAU (MM.) frères, — *Mentionnés honorablement*, pour leur corroyage.

PELLIER-DUVERGER (madame Vᵉ.): — reps et retors en coton. *Citation.*

PERDREAU, — a introduit dans la teinture sur soie des améliorations très-utiles, et changé tout ce système d'industrie dans les fabriques de Tours. *Médaille de bronze.*

PERDUCET, — pour bonneterie de laine. *Mention honorable.*

PERJEAUX, — *Cité*, pour coutil.

PERPIGNAN (l'hospice de la Miséricorde à), — *Mentionné honorablement*, pour draps communs.

PERRIER fils: — couvertures de coton. *Mention honorable.*

PETITJEAN et Cᵉ., — *Mentionnés honorablement*, pour tissus de cachemire.

PETITJEAN (de Tournus). — Printannière de bon goût. *Citation.*

PEUGEOT (MM.) frères : — acier excellent, pour les ressorts de montre et les pendules, *Médaille de bronze.*

PFEIFFER, — *Médaille d'argent :* forté-pianos perfectionnés.

PHILIDOR, — *Mentionné honorablement,* pour cristallerie.

PILLET aîné et Frédéric PILLET, — ont obtenu une *Médaille de bronze,* pour belles étoffes de soie.

PILLIOUD, — orfèvre, le premier qui ait employé dans tous ses ouvrages et dans toutes leurs parties, la soudure en argent. *Médaille de bronze.*

PIQUEFEU, — *Mention honorable :* bonnes colles-fortes.

PLAICHARD-DUTERTRE (MM.) frères, — *Cités,* pour beaux mouchoirs façon madras.

PLEY, — *Mentionné honorablement,* pour draperies moyennes.

PLUARD aîné, — schals en coton broché, d'un joli effet. *Médaille de bronze.*

POIDEBARD, — pour belle soie sina : *Médaille d'argent.*

POIRSON, — *Médaille de bronze :* globes terrestres et célestes.

POITTEVIN : — chaîne en fil de coton apprêtée. *Mention honorable.*

POMPIDOR, — *Mentionné honorablement,* pour draps communs.

PONTORSON, (hospice de), — échantillons de dentelle à l'aune. *Mention honorable.*

POUCHET fils, — pour belles impressions sur coton, genre *lapis. Médaille d'argent.*

POULAIN, — *Mentionné honorablement,* pour fer mêlés.

POUPART de Neuflize (le baron), SEVENNE et COLLIER, — ont exposé une nouvelle machine à tondre les draps, machine qui exécute, avec une célérité extraordinaire et une grande perfection, l'opération de la tonte. Ils ont reçu la *Médaille d'or.*

POUPART DE NEUFLIZE et fils, — pour très-beaux draps et casimirs. *Médaille d'argent.*

PRADIER, — pour beaux nécessaires et ouvrages en nacre, *Mention honorable.*

PRADIER, — *Mentionné honorablement*, pour coutellerie.

PRÉLAT : — belles armes à feu. *Mention honorable.*

PRÉVOT et PEUCHET, — *Cités*, pour leurs calicots.

PROST (MM.) frères, — ont inventé une machine très-simple et très-utile, pour le tissage de la mousseline. *Médaille de bronze.*

PROVENT, — *Mentionné honorablement*, pour bijouterie d'acier.

PURGOLD, — Reliûre. *Mention honorable.*

PUTEAUX, — Belle ébénisterie en bois indigène. *Mention honorable.*

QUENNECHEN, — *Mentionné honorablement*, pour corroyage.

QUESNÉ. — Draps de bonne qualité. *Mention honorable.*

QUETTIER fils, — inventeur des tuyaux sans couture, en toile de chanvre, pour le service des incendies. *Mention honorable.*

QUINTON. — Préparation de comestibles, d'après la méthode de M. Appert. *Mention honorable.*

RACHOU et Ce. — Draps et ratines de belle fabrication et de prix modérés. *Médaille d'argent.*

RAIMOND, — professeur de chimie, inventeur du bleu Raimond, a rendu les plus éminens services à la teinture des soies de Lyon. *Médaille d'or,*

RAMBOURG. — Fers en barres de belle fabrication. *Mentionné honorablement.*

RECOULÉS, — *Cité*, pour draps communs.

REDOUTÉ — a reçu la *Médaille d'argent*, pour ses belles gravures en couleur.

Regnier, — *spécialement et très-honorablement mentionné*, pour mécanismes divers.

Regnier fils, — pour son essence de café, préparation utile aux voyageurs. *Mention honorable.*

Reine. — Belle bonneterie de laine. *Médaille d'argent.*

Renard (César), — *Mentionné honorablement*, pour teinture sur soie.

Renard-l'Héritier. — Draps communs. *Citation.*

Rennes (maison centrale à), — *Mentionnée honorablement*, pour les divers produits de son travail.

Revel. — Calicots de bonne qualité. *Citation.*

Revol, — *Mentionné honorablement*, pour creusets et poteries-grès.

Riboulleau et Jourdain. — Draps superfins de la plus grande beauté. *Médaille d'or.*

Richer fils aîné — a présenté plusieurs intrumens d'aréométrie, exécutés avec un soin remarquable. *Mention honorable.*

Richer père et fils. — Instrumens de précision d'un beau travail et d'une grande exactitude. *Médaille d'argent.*

Richoud, — *Mentionné honorablement*, pour ses papiers peints.

Ridel. — Toiles de bonne qualité. *Citation.*

Riquier, — *Cité*, pour ses draps communs.

Rivals-Ginela, — *Mentionné honorablement*, pour les limes de sa fabrication, a reçu la *Médaille de bronze*, pour ses barres d'acier, son fer laminé, etc.

River aîné, — *Mentionné honorablement*. Ouvrages de serrurerie, d'un beau travail.

Rivery-le-Joille — l'un des principaux fabricans de serrurerie, des Escarbotins, a présenté beaucoup de pièces, d'une très-belle exécution. *Médaille d'argent.*

ROARD, — pour avoir rendu d'importans services à l'art de la teinture, et surtout perfectionné la fabrication de la céruse. *Médaille d'or.*

ROBERT, — a fabriqué de belle gélatine d'après le procédé de M. d'Arcet, et tiré de ce produit des colles-fortes excellentes. *Médaille d'argent.*

ROBERT (Louis), — maître ouvrier, pour avoir amélioré le travail des soies, dans son département (Ardèche). *Médaille de bronze.*

ROBERT-RENARD, — *Cité,* pour ses toiles de lin.

ROBIN fils. — Pendules astronomiques. *Médaille d'argent.*

ROBIN-PEYRET. — Aciers divers. *Mention honorable.*

ROBLINE jeune, — *Cité,* pour reps de coton.

ROCHET (de Bèze), — *trois fois Mentionné honorablement*, pour ses limes, pour ses toiles et pour ses ustensiles en fonte de fer; a obtenu la *Médaille d'argent*, pour ses aciers de différentes espèces, et tous de la meilleure qualité.

ROELANT. — Bel assortiment de savons de ménage. *Médaille d'argent.*

ROGUES et ROGER, — maîtres d'une nouvelle fabrique de draps, ont exposé de bons draps, genre d'Elbeuf. *Médaille de bronze.*

ROIZARD, — *Cité,* pour bonneterie de coton soignée.

ROMILLY (fabrique de), — *Mentionnée honorablement,* pour ses fils en fer, en acier et en laiton, très-bien fabriqués; a poussé très-loin le laminage du cuivre, et reçu la *Médaille d'argent*, pour ses produits en ce genre.

ROSE-ABRAHAM (MM.) frères, — pour draperies communes et moyennes très-bien fabriquées avec laine-métis de Beauce, et laines des environs de Tours; ont reçu la *Médaille d'argent.*

ROSTAN-VIDAL, — *Cité,* pour bonnets turcs.

ROSWAG. — Toiles métalliques. *Mention honorable.*

ROUEN (maison de détention de), — *Mentionnée honorablement*, pour les produits divers de son travail.

ROUET-TRINCART. — Tannage. *Mention honorable.*

ROUQUÈS, — pour de bel indigo-pastel. *Mention honorable.*

ROUSSEL-D'AZIN, — *Cité*, pour ses casimirs de coton.

ROUSSEL-BLOQUET : — velventines bien fabriquées. *Citation.*

ROUX. — Fusils de chasses perfectionnés. *Mention honorable.*

ROUX, OLLAT et DESVERNEY, — *Mentionnés honorablement*, pour leur peluche de soie chinée.

ROUYER et BERTHIER. — Dés à coudre en acier. *Mention honorable.*

ROUYER et Ce., — *Mentionnés honorablement*, pour la bonne qualité de leurs fers-blancs.

ROYER, PAYAN et THÉRIAT. — Verges de fer, bien fabriquées. *Mention honorable.*

RUFFIÉ, — *Mentionné deux fois honorablement*, pour la fabrication de ses limes et celle de ses faux ; a obtenu une *Médaille d'argent*, pour ses échantillons d'acier.

SAGRIOT, HUMAN et Ce., — *Mentionnés honorablement*, pour tôles laminées, d'une belle exécution ; ont obtenu une *Médaille d'argent*, pour leur fer-blanc en feuilles.

SAILLARD aîné, — pour zinc laminé, d'une très-belle exécution ; *Médaille d'argent* : *Mentionné honorablement*, pour la tréfilerie.

SAINT-BRIS. — Sa manufacture d'Ambroise a créé en France la fabrication des râpes et des limes ; les produits qu'elle a envoyés sont très-beaux. *Médaille d'or.*

SAINT-CRICQ-CAZEAUX (de). — Belles porcelaines, dont le prix a baissé depuis quelques années. *Médaille d'argent.*

SAINT-ÉTIENNE et SAINT-CHAMOND (manufactures de), — *Mentionnées honorablement*, pour rubans.

SAINT-LIZIER (dépôt de mendicité à) : — tissus divers, bien fabriqués et bien étoffés. *Mention honorable*.

SAINTE-MARIE-FRIGARD, — a exposé de très-beaux draps. *Médaille d'argent*.

SAINT-MAURICE (manufacture de) : — coton bien filé. *Médaille de bronze*.

SAINT-NICOLAS-d'ALIERMONT (fabrique d'horlogerie de), dirigée par M. PONS : — une *Médaille d'argent* a été déposée à la mairie ; et *une autre*, donnée à M. Pons.

SAINT-PAUL : — toiles métalliques, d'une belle exécution. *Médaille de bronze*.

SAINT-REMY-CARETTE, — *Mention honorable*, pour belles dentelles.

SALÈS, — *Cité*, pour draps communs.

SALLERON : — beaux échantillons de cuirs, diversement préparés. *Médaille de bronze*.

SALLERON (Claude). — Tannage. *Médaille d'argent*.

SALNEUVE, — a rendu de nombreux service aux manufactures, comme inventeur de machines, etc. *Médaille d'argent*.

SALVIAT, — *Cité*, pour peaux corroyées.

SANDRIN, — inventeur d'un métier pour brocher les étoffes, en point de tapisserie, a obtenu la *Médaille d'argent*.

SANS, — *Mentionné honorablement*, pour ses aciers.

SAVARÈSE. — Cordes de violon. *Médaille d'argent*. (Omis dans le rapport du jury.)

SAVONNERIE (manufacture de la), — pour tapis de très-grande dimension. *Mention honorable*.

SCHEY (madame Ve.), — a donné des produits de sa fabrique de bijouterie d'acier, d'une beauté rare et d'une exécution parfaite. *Médaille d'or*.

SCHLUMBERGER et HERGOG, — *Mentionnés honorablement*, pour leurs cotons filés.

SCHMUCK : — beaux maroquins. *Médaille d'argent.*

SCHŒLCHER, — assortiment de belles porcelaines. *Médaille d'argent.*

SECRÉTAIN-DUPATY, — *Cité*, pour toiles de belle fabrication.

SEGUIN : — toiles. *Citation.*

SEGUIN père et fils, et YÉMENIS : — étoffes de soie, or, argent, etc., destinées au commerce du Levant, et d'une rare magnificence. *Médaille d'or.*

SEIGNEURET, — *Mentionnés honorablement*, pour la bonne qualité de ses colles-fortes.

SEILLÈRES : — draps-tricots. *Mention honorable.*

SELLIER, — coton très-bien filé. *Médaille de bronze.*

SÉNÉCHAL, — *Mentionné honorablement*, pour la coutellerie.

SENEMAND : — draperies communes. *Citation.*

SERVES fils, — *Mention honorable.* Papeterie.

SEVENNES (*Voy.* COLLIER).

SÈVRES (manufacture de) : — belles porcelaines. *Mention honorable.*

SIMARD : — parquets en mosaïque. *Mention honorable.*

SIMIER, — *Honorablement Mentionné*, pour ses belles reliûres.

SIMON, — *Mentionné honorablement*, pour schal fabriqué avec une matière indigène.

SIR-HENRI : — *Mention honorable;* instrumens de chirurgie très-bien fabriqués.

SMITH (William), — a exposé des meubles vernis, imitant la laque de la Chine. *Mentionné honorablement.*

SOLANET, — *Cité*, pour draperies communes.

SOLEIL, — a exposé de très-bons instrumens d'optique. *Médaille d'argent.*

SOUÇIN et LADVOCAT : — *Mention honorable*, tannage.

STAMMLER : — belles toiles métalliques. *Médaille de bronze.*

STAUBHART, — *Mentionné honorablement*, pour ses mosaïques et ses incrustations sur métal.

TACHARD-REY : — *Deux Mentions honorables*, pour casimirs et draps-cordelat.

TARDIF fils aîné et Sœur, — ont introduit à Bayeux la fabrication des dentelles, et rendu cette ville rivale de Lille et de Malines. *Médaille d'argent.*

TARTAS-BOYAVAL, — *Mention honorable*, pour draperies moyennes.

TAVERNIER (de Paris), — *Mentionné honorablement*, pour ses tôles vernies.

TAVERNIER, — a perfectionné l'échappement de Sully. *Citation.*

TEISSÈRE, — *Mention honorable*, pour étoffes et casimirs de coton.

TEXIER et BOUCHON : — gants très-bien faits. *Mention honorable.*

THAREAUX-LABROSSE, — a présenté de beaux mouchoirs façon madras. *Citation.*

THÉDENAT et MURET, — *Cités*, pour draperies communes.

THIBAULT, — belle cire à cacheter. *Mention honorable.*

THIBAULT aîné (de Tournus), — a obtenu la *Médaille d'argent*, pour ses couvertures en coton, d'un bel aspect, d'un tissu moelleux, d'une bonne fabrication.

THIERS (fabrique de), — *Mentionnée honorablement*, pour coutellerie.

THIROUIN : — coutil bien fabriqué. *Citation.*

THISS (Martin) et Ce., — pour de très beau casimir mélangé. *Médaille de bronze.*

THOMAS (Jacques-Nicolas), — *Cité*, pour ses piqués; a perfectionné les rots, instrumens de tissages. *Mention honorable.*

Thomassin-Corbitt, — *Mentionné honorablement*, pour ses dentelles.

Thompson, — a reçu la *Médaille de bronze*, pour ses beaux cadres de gravures en taille de relief, sur bois debout.

Thorel, — *Cité*, pour ses toiles de lin.

Thouvenin, — [illegible]eur. *Mention honorable.*

Tirel fils, — a présenté des draps moyens, d'une belle fabrication. *Médaille d'argent.*

Tissot, — inventeur de plusieurs mécanismes d'horlogerie, a reçu la *Médaille de bronze.*

Tourengin, — *Mentionné honorablement*, pour ses draps.

Tourrot : — beau plaqué d'or et d'argent. *Mention honorable.*

Toutain, — *Cité*, pour ses toiles.

Tulles (manufacture royale de), — *Citée*, pour la belle fabrication des armes.

Turgis : — draps de la plus belle qualité. *Mention honorable.*

Turs, — *Cité*, pour bonneterie de coton, a obtenu la *Mention honorable*, pour la bonneterie de soie.

Valat, — *Mentionné honorablement* : mouchoirs façon des Indes.

Valin : — corroyage. *Mention honorable.*

Vallard fils, — *Cité*, pour sa bonneterie de coton.

Vallée jeune : — mouchoirs façon des Indes. *Mention honorable.*

Vannes (fabrique de charité, de), — a exposé de beaux produits de son travail : *Mentionnée honorablement.*

Va[illegible]ch, — beaux basins et piqués. *Médaille d'argent.*

Vaysse, — a reçu la *Médaille de bronze*, pour la belle fabrication de ses bonnets de laines, communs.

VELAY, — *Mentionné honorablement*. Papiers peints.

VERDIER, — pour très beaux mouchoirs, façon madras. *Médaille de bronze.*

VERHELST, — *Mentionné honorablement*, pour ses plombs laminés.

VERNIS (MM.) frères, — pour draps de bonne qualité. *Médaille de bronze.*

VIARD, — *Cité*, pour ses calicots.

VIAU DE MOURCHES : — chapeaux feutrés. *Mention honorable.*

VINCENT et Ce. : — bonneterie de laine. *Citation.*

VIOU, — a perfectionné les peignes pour étoffes. *Mention honorable.*

VITALIS, — professeur de chimie, a singulièrement perfectionné la teinture. *Médaille d'or.*

VIVIER : — draps d'une bonne fabrication. *Médaille de bronze.*

WAGNER, — inventeur de divers mécanismes, artiste très-habile en horlogerie, a reçu la *Médaille d'argent.*

WATIER. — Couvertures de chevaux. *Médaille de bronze.*

WERNER — a exposé de beaux meubles en bois indigène. *Médaille d'argent.*

WIDMER, — inventeur d'un vert solide, pour les cotons, a introduit d'autres perfectionnemens importans dans l'art d'imprimer les toiles. *Médaille d'or.*

WURTZ. — Vases de fonte de fer émaillés, résistant au feu et aux variations de température. *Médaille d'argent.*

XATARD (madame veuve), — *Mentionnée honorablement*, pour draps communs.

YVER (de Vimoutiers), — *Cité*, pour ses toiles.

YVER (de Caen). — Balles et plomb. *Mention honorable*.

ZIEGLER-GLEUTER et Ce., — pour impressions sur coton, genre lapis, d'un très-bel effet. *Médaille d'argent*.

(N° III.)

LISTE PARTICULIÈRE

Des Fabricans, Artistes, etc., qui ont reçu des Médailles ou autres distinctions, aux expositions précédentes, et qui, ne pouvant recevoir de nouveau, en 1819, les mêmes distinctions, ont été déclarés toujours dignes de celles qu'ils avaient obtenues; ainsi que de ceux qui se sont mis eux-mêmes hors du concours, comme Membres du jury.

Assezat. — Blondes noires. *Médaille de bronze*, en 1809.

Bardel fils. — Étoffes de crin. *Médaille de bronze*, en 1802 et 1806.

Belloni. — Mosaïque. *Médaille de bronze*, en 1806.

Biennais. — Orfévrerie. *Médaille d'or*, en 1806.

Bonnard père et fils. — Crêpes et tulles. *Médaille d'argent*, en 1806.

Bréguet, — hors du concours, comme *Membre du Jury central*; a obtenu la *Médaille d'or*, à trois expositions consécutives.

Chaptal (le comte), — hors du concours, comme *Membre du jury*.

Cousineau. — Instrumens de musiques. *Médaille d'argent*, en 1806.

Detrey père. — Bonneterie de fil. *Médaille d'argent*, en l'an IX.

Didier. — Cuirs vernis. *Médaille d'argent*, en l'an X et 1806.

DIDOT (Firmin et Pierre). — Art typographique. *Médaille d'or*, à trois expositions consécutives.

FILHOL. — Calcographie. *Médaille de bronze*, en 1806.

FLEURS (madame). — Tréfilerie. *Médaille d'argent*, en l'an X et 1806.

GENSSE-DUMINY. — Casimirs. *Médaille d'or*, en 1806.

GILLÉ. — Fonderie. *Médaille de bronze*, en l'an X et 1806.

GRASSET. — Fers et aciers. *Médaille d'argent*, en 1809.

GRÉGOIRE. — Tableaux en velours. *Médaille d'argent*, en 1806.

GUIBAL jeune. — Draperies moyennes. *Médaille d'argent*, en l'an X et 1806.

HECQUET D'ORVAL. — Tapis et moquettes. *Médaille de bronze*, en l'an X et 1806.

HERHAN. — Fonderie en lettres. *Médaille d'or*, en l'an IX.

HUMBLOT-CONTÉ. — Crayons. *Médaille d'or*, en 1806.

JACOB-DESMALTER. — Ébénisterie. *Médaille d'or*, en 1806.

JOHANNOT. — Papeterie. *Médaille d'or*, en l'an X et 1806.

JOUBERT (Héritiers). — Calcographie. *Médaille d'or*, en l'an VI.

LEFAY. — Teinture sur coton. *Médaille de bronze*, en 1806.

LEMAIRE. — Nécessaires. *Médaille d'argent*, en l'an X et 1806.

LUTTON. — Inscriptions sur verre. *Médaille de bronze*, en 1806.

MAHIEUX. — Toiles. *Médaille de bronze*, en l'an X et 1806.

MALLIÉ et fils. — Étoffes de soie. *Médaille d'or*, en 1806.

MATAGRIN aîné. — Mousselines. *Médaille d'or*, en 1806.

MERCIER fils. — Point d'Alençon. *Médaille d'argent*, en 1806.

MONTGOLFIER. — Papeterie. *Médaille d'or*, en 1806.

ODENT. — Papeterie. *Médaille de bronze*, an l'an IX.

ODIOT. — Orfévrerie. *Médaille d'or*, en l'an X et 1806.

OLIVE. — Serrurerie. *Médaille d'argent*, en 1806.

PERRIN. — Toiles métalliques. *Médaille d'argent*, en l'an IX et l'an X.

PETOU. — Draps fins. *Médaille d'argent*, en l'an IX, l'an X et 1806.

PUJOL. — Molletons et convertures de coton. *Médaille d'argent*, en l'an X et 1806.

TERNAUX, — hors de concours, comme *Membre du Jury central;* il avait obtenu la *Médaille d'or*, aux trois expositions précédentes.

THOMYRE. — Bronzes ciselés. *Médaille d'or*, en 1806.

UTZCHNEIDER. — Faïence et poterie. *Trois Médailles d'or*, et une *d'argent*, aux expositions précédentes.

VANDESSEL. — Blondes. *Médaille d'argent*, en l'an X et 1806.

ZUBER. — Papiers peints. *Médaille de bronze*, en 1806.

(N° IV.)

LISTE ALPHABÉTIQUE

Des Savans, Artistes et Fabricans, auxquels S. M. a accordé des distinctions honorifiques.

ARPIN père, — fabricant de mousselines, à Saint-Quentin. *Croix-d'Honneur.*

BACOT, — fabricant de draps à Sedan. *Croix-d'Honneur.*

BEAUNIER, — ingénieur en chef des mines. *Croix-d'Honneur.*

BEAUVAIS, — fabricant de soieries, à Lyon. *Croix-d'Honneur.*

BONNARD, — mécanicien et fabricant de tulles, à Lyon. *Croix-d'Honneur.*

BRÉGUET, — horloger. *Croix-d'Honneur.*

CHAPTAL fils, — chimiste. *Croix-d'Honneur.*

D'ARCET, — *Cordon de Saint-Michel.* Il a appliqué la chimie à la pratique des arts, créé ou perfectionné plusieurs industries nouvelles, et rendu d'éminens services au commerce et à l'humanité.

DEPOUILLY, — fabricant de soieries, à Lyon. *Croix-d'Honneur.*

DETREY. — Bonneterie. *Croix-d'Honneur.*

DIDOT (Firmin), — graveur de caractères et imprimeur, à Paris. *Croix-d'Honneur.*

DUFAUD, — directeur de forges. *Croix-d'Honneur.*

JACQUARD, — mécanicien, à Lyon. *Croix-d'Honneur.*

JANDAU, — chef d'instruction à l'école de Châlons. *Croix-d'Honneur.*

KŒCHLIN (Daniel), — chimiste, fabricant de toiles peintes, à Mulhausen. *Croix-d'Honneur.*

LENOIR, — ingénieur-constructeur d'instrumens de mathématiques. *Croix-d'Honneur.*

LEREBOURS, — opticien. *Croix-d'Honneur.*

MALLIÉ, — fabricant de soieries, à Lyon. *Croix-d'Honneur.*

MERTIAN (jeune). — Fers-blancs. *Croix-d'Honneur.*

OBERKAMPF, — chef de la belle manufacture de Jouy, a été créé BARON.

POUPART DE NEUFLIZE, — fabricant de draps, mécanicien. *Croix-d'Honneur.*

RAYMOND, — chimiste, à Lyon. *Croix-d'Honneur.*

RIBOULLEAU, — Draps fins. *Croix-d'Honneur.*

SAINT-BRIS, — fabricant de limes, à Amboise. *Croix-d'Honneur.*

TERNAUX, — chef des manufactures de laine, devenues célèbres en Europe sous son nom, a reçu le titre de BARON.

UTZSCHNEIDER, — fabricant de poteries, à Sarguemines. *Croix-d'Honneur.*

VITALIS, — chimiste, à Rouen. *Croix-d'Honneur.*

WELTER — chimiste. *Croix-d'Honneur.*

WIDMER, — chimiste et fabricant de toiles peintes, à Jouy. *Croix-d'Honneur.*

N. B. (Quelque soin que nous ayons donné à l'exécution typographique d'un ouvrage où se trouvent cités plus de *mille* noms-propres, plusieurs fautes ont dû se glisser dans l'orthographe de ces noms. Le *Rapport* même *du jury*, qui a dû nous servir de règle, n'est pas exempt de ces inévitables erreurs. Pour donner à notre ouvrage le mérite d'une plus rigoureuse fidélité, nous avons consulté plusieurs membres du jury, qui nous ont aidé de leurs lumières; et nous avons cru devoir consacrer une *Première liste* (p. xiz), à la rectification des fautes du texte. Nous consacrons de nouveau l'*Erratum* suivant, à relever quelques fautes, oublis, etc., qui se sont glissés, soit dans cette première *Liste*, soit dans la *Liste précédente des fabricans qui ont reçu des Médailles*, etc. (N° II du supplément, pag. 165.)

Allard, — a obtenu la *Médaille d'or* et non celle *d'argent*.

Arpin et fils (de Saint-Quentin). — Ont exposé de beaux fils de coton, du n° 130 à 160. *Médaille de bronze*.

Beauvais (la manufacture de Beauvais), — a été *Mentionnée honorablement* pour ses tapisseries.

Bellangé. — Son nom est *Bellanger*.

Berney, — s'écrit *Bernay*.

Black-Friers, — se nomme *Black-Friars*.

Blumenstein et Frère-Jean, — ont été *Mentionnés honorablement* pour leurs tôles.

Bordeaux-Fourest, — a présenté de bonnes *toiles* et non de bonnes *tôles*.

Bréant, — a rendu malléable, le platine et non le platine.

Brest. — Son nom est *Brest* et non *Tresp*.

Briedaer frères. — Leur nom est *Brédier*.

Brien. — Son nom est *Brion*.

Chaptal fils, d'Arcet et Holker, — Ont obtenu la *Médaille d'or*, pour divers produits chimiques.

Charton père et fils. — Soieries. *Médaille de bronze*.

Chavaux. — Son nom a été altéré en celui de *Chevaux*.

Clairvaux (maison de détention de), — *Mentionnée* et non *Mentionné*.

Coquet-Valle. — Son nom est *Coquet-Valle*.

Coulaux frères. — Leurs armes blanches ont été *Distinguées* et non *Distingués*.

Cessenon, — s'écrit *Cesbron*.

Cuvru de Surmont, — et non *Siurmont*.

Dartig, — se nomme *Dertigues*: il est appelé *Lartigues*, p. 75 et lxiij.

Davilliers, — s'écrit *Davillier*.

Demeroc et Delambert. — Ont été deux fois *Mentionnés honorablement* pour leurs molletons et leur drap-tricot.

Desprez fils. — Son nom est *Desprets*.

Didot Saint-Léger, — a obtenu la *Médaille d'argent*, et non la *Médaille d'or*.

Dolby. Son nom est *Dolloy*.

Douzals. — Carton d'apprêt. *Médaille de bronze*.

Duboc. — Son nom est *Dubos*.

Engelmann. — Son nom est *Engelmann*.

Esquernel. — Son nom est *Escomel*.

Estivant (P. J.). — Les initiales de ses noms de baptême sont *M. P. G.*

Furet-Labouläye, — et non *Fur*, etc.

Grand (Aimable), — est maître d'une fabrique *d'étoffes* et non *d'étoffe* de soie.

Grandjean, — auteur *d'ouvrages* et non *d'ouvrage*.

Grenet Pelé. — Son nom est *Grenet-Pelé*.

Goillon, — pour *Gaillon*.

Joppy. — Lisez *Jappy*.

Laurent. — Lisez *Lauret*.

www.ingramcontent.com/pod-product-compliance
Ingram Content Group UK Ltd.
Pitfield, Milton Keynes, MK11 3LW, UK
UKHW020311230726
13925UKWH00002B/353